氛围编程

伍斌 著

AI编程像聊天一样简单

人民邮电出版社

北京

图书在版编目（CIP）数据

氛围编程 ：AI 编程像聊天一样简单 / 伍斌著.
北京 ：人民邮电出版社，2025. -- ISBN 978-7-115
-67940-6

Ⅰ. TP18

中国国家版本馆 CIP 数据核字第 2025RN4449 号

内 容 提 要

本书是展示如何用自然语言通过氛围编程工具搭配大模型生成代码解决真实问题的实用指南。书中提供 9 个实战项目作为入门讲解和检验实验，帮助读者选择合适的氛围编程工具与大模型组合。全书分 5 部分：第一部分介绍氛围编程基础理论和指导原则；第二部分通过智能体实现、数据可视化和 Excel 数据分析这 3 个应用场景，展示扣子、DeepSeek、Claude、Trae、Cursor、Windsurf 和通义这 7 款主流氛围编程工具与大模型搭配组合的代码生成能力；第三部分演示用 Trae 实现微信小程序和用 bolt 等工具快速实现 Web 应用产品原型；第四部分展示用 GitHub Copilot 实现完整的前后端分离的 Web 应用和用 Cursor 生成自动化测试；第五部分提供不同背景读者的氛围编程攻略、工具和大模型对比，以及实战检验框架。

本书适合以下 3 类读者阅读：需处理数据或构建产品原型的非 IT 背景的人，希望了解高质量代码生成的有 IT 经验的人，以及想通过氛围编程入行的 IT 新人。

◆ 著　　　伍　斌
责任编辑　杨海玲
责任印制　陈　犇

◆ 人民邮电出版社出版发行　　北京市丰台区成寿寺路 11 号
邮编　100164　　电子邮件　315@ptpress.com.cn
网址　https://www.ptpress.com.cn
涿州市京南印刷厂印刷

◆ 开本：720×960　1/16
印张：14.75　　　　2025 年 8 月第 1 版
字数：272 千字　　　2025 年 8 月河北第 1 次印刷

定价：69.80 元

读者服务热线：(010)81055410　印装质量热线：(010)81055316
反盗版热线：(010)81055315

对本书的赞誉

生成式 AI 浪潮已至，编程正成为人人必备的基础技能。“氛围编程”应运而生——它借助 AI，让每个人都能凭直觉与创意快速构建软件。这本书是氛围编程实战指南，拒绝空谈，即刻上手，助你轻松驾驭 AI 时代的编程新范式，加入未来创造者的行列。

肖然，Thoughtworks 公司全球数字化专家、
中关村智联软件服务业质量创新联盟秘书长

在 AI 加速重塑工作方式的今天，用好 AI 已经成为所有职场人士的技能。这本书恰逢其时。它精准回应了当下人们用“聊天”代替“编程”的迫切期待——从现实问题切入，以需求驱动讲解，帮助读者真正实现从提问到落地、从想法到产品的转化。本书对 ChatGPT、Claude、Cursor、扣子、Trae 等工具的实操讲解极具实践性，堪称“配方”级别，无论是产品经理快速搭建原型，还是程序员探索 AI 赋能的新范式，都可以对照书中实例直接上手，实现“即学即用”。这是一本顺应时代的需求，落地氛围编程的实战指南。

李烨，微软 AI 亚太区首席应用科学家

这本书的书名我非常喜欢。如果说 DeepSeek-R1 让全民开始使用 AI 聊天，那么现在的氛围编程工具和搭配的大模型组合就是让全民可以通过聊天开发软件。随着大模型能力的增强，氛围编程的体验会越来越好，上手门槛会越来越低。氛围编程不仅有趣，还能带来巨大的满足感和成就感。作为一个产品经理，我在过去 3 个月做了 4 个产品，把我过去几年的想法都变成了现实。氛围编程会给你提供新的动力。我向所有产品经理推荐氛围编程。如果你渴望尝试，这本书是一个很好的入门向导，能有效地帮助你一步步掌握氛围编程。

亢江妹（KK），Thoughtworks 公司总监级 AI 咨询顾问

这本书以清晰的逻辑组织内容，循序渐进地引导读者从学习氛围编程理论，到独立构建 Web 应用、智能体、数据分析工具。对于氛围编程的初学者，它巧妙降低学习门槛；对于有经验的开发者，它精准探索高阶提示词“为己所用”。读者收获的不仅是理论，更是构建应用的能力。

李特丽，《LangChain 入门指南：构建高可复用、可扩展的 LLM 应用程序》和《AI 辅助编程入门：使用 GitHub Copilot 零基础开发 LLM 应用》第一作者

氛围编程时代已然到来。无论你是不是程序员，也无论你如何看待它，都值得尝试一下，哪怕抱着娱乐的心态也未尝不可。这本书深入浅出，语言通俗易懂，既有科普，又有洞见，是一本很好的入门书。你值得拥有！

汪志成，Google 开发者专家、Thoughtworks 公司前咨询师、北京智座科技创始人

刚读到这本书初稿的时候，我翻了一下目录就发现，书中的内容简直就是我现在最需要的！书中不仅介绍了许多实用的 AI 编程工具，如扣子、Cursor、Claude、Trae 等，还包含大量具体的提示词和技巧，都是可以立即应用的。这本书实战性强，开箱即用，特别适合像我这样每天与代码打交道又希望借助 AI 提高效率的开发者。强烈推荐给正在探索 AI 编程的小伙伴们！

林宁（网名“少个分号”），Thoughtworks 公司咨询师

有幸在“编程道场”与这本书作者结缘，其经典之作《驯服烂代码》曾为我照亮技术实践之路。如今，AI 编程浪潮下，氛围编程应运而生，引领开发者走向高效、专注、充满创造力的编程新境界。捧读新作，深感作者满满的诚意！作者不仅传授与 AI 协作的“技”，更引导我们体会其中的“艺”与“道”。这正是 DevOps 理念下高效协作与可持续交付的灵魂所在。这本书绝非单纯的技术手册，而是一位践行者用心书写的实践“心经”，为所有追求卓越的软件工程师指明了通往心流的高效路径。强烈推荐给每一位致力打磨软件交付质量和提升开发体验的同路人！

冀利斌，DevOps 解决方案架构师

氛围编程：打开一扇软件开发的新大门

氛围编程（vibe coding）是随着大模型代码生成能力的提升而兴起的以自然语言交互为核心的编程范式，其核心理念是通过描述意图由人工智能（artificial intelligence，AI）来生成代码，而非手动编写代码来构建软件。这种方式也称为“自然语言编程”。

观察编程语言的演进，从二进制机器码到汇编语言，再到高级语言，直至今天氛围编程提倡的“自然语言”，整个趋势越来越远离机器，持续向人类思维靠拢。这种趋势本质上是技术对人的深度赋能，让编程真正回归“人的表达”，构建一个人人可及的创造场域，释放人类创新的原动力。

诚然，氛围编程并非十全十美，如果站在传统软件开发的角度来看，有很多争议与待解难题。例如自然语言表述的模糊性可能导致生成的代码偏离真实需求；由于大模型幻觉的存在，生成代码的准确性与可靠性仍需验证；复杂业务场景下，自动生成的代码在代码规范、架构整洁等方面仍有差距。但这些争议和难题并不能掩盖氛围编程的生命力。

我个人认为，氛围编程不是对传统软件开发的颠覆，而是开辟了新的战场。就像互联网兴起时，HTML/CSS/JavaScript 曾经被认为不是严肃的软件开发，甚至编写这些代码的人一度不被看成程序员。但后来的故事大家都知道了：它们开辟了 Web 编程的新战场，吸纳的编程人员数量甚至占据软件开发人员的半壁江山。

在这一新战场中，很多传统软件开发的“金科玉律”可能需要重新审视，如可复用性、松耦合高内聚、代码可读性等。氛围编程适用的场景可能不再是人们熟悉的传统软件开发场景，它可能是更小规模、即时性需求、用户参与构建的。它将是与传统软件并存的、用户可以随时根据自己的需求改造的“可塑软件”。

所以，我不希望大家戴着传统软件开发的“有色眼镜”看待氛围编程。我相信，随着大模型和编程语言的深度融合，氛围编程将塑造出与传统软件开发不一样的开发流程、软件形态和技术哲学，为软件开发打开一扇全新的大门。

伍斌老师所著的这本书敏锐地捕捉并剖析了氛围编程这一趋势，它拆解工具、呈现场景、演练实践、阐释价值。翻开这本书，我们不仅是学习一种新的编程范式，更是开启一次“人机对话革命”的新历程。

李建忠
全球机器学习技术大会主席、ISO C++标准委员会委员

氛围编程：极大释放整个社会的创新能力

当我在 2023 年 4 月提出“软件工程 3.0”这个概念时，便预见到一个崭新时代的到来——人工智能将彻底重塑软件开发的每个环节。然而，我未曾想到这种变革会如此迅猛且彻底。

2025 年春节刚过，DeepSeek 的横空出世和“氛围编程”概念的爆火，让我再次深刻感受到技术发展的惊人速度。作为一名在软件工程领域深耕 30 多年的技术人，我有幸见证了从大型主机到微机、从汇编语言到高级语言、从命令行到图形界面、从单体应用到微服务架构的每一次技术变革。但这一次不同，氛围编程不只是工具的升级，而且是编程范式的根本性颠覆——它让编程从“技术精英的专利”演变为“人人可用的日常工具”。

这本书恰逢其时。作者以极其务实的态度将抽象的技术理念转化为人人可掌握的实用技能。读完全书，我被作者的用心深深打动。书中通过 9 个精心设计的实战项目和 5 个核心应用场景，诠释了“所说即所得”的编程新范式。

最令我印象深刻的是作者对氛围编程本质的深刻理解。传统编程教育总是从语法开始，让学习者在枯燥的规则中迷失方向，往往学了几个月还写不出能解决实际问题的代码。而氛围编程则完全颠覆了这一路径——它让人们直接从解决问题开始，在实际应用中自然而然地理解编程的本质。这种“问题导向”的学习方式不仅更符合人类的认知习惯，也让编程真正回归到其工具属性的本源。

在《软件工程 3.0》一书中，我提出大模型将成为软件研发的核心驱动力，但那时更多是从企业级开发和技术架构的角度来思考。而这本书让我看到了另一个维度——氛围编程正在让软件开发真正实现全民化。当产品经理可以在几分钟内制作出最小化可行产品（minimum viable product，MVP）原型，当数据分析师可以用自然语言完成复杂的可视化工作，当完全没有编程背景的小学生都能制作出智能聊天应用时，我们正在见证一个“全民编程”时代的到来。这种变化的意义远超技术本身。

在软件工程 3.0 时代，我们面临的核心挑战不再是“如何写代码”，而是“如何用代码解决问题”。氛围编程恰好提供了这样一座桥梁——它让每个人都能专注于问题本身，而将技术实现交给 AI 来完成。这不是对程序员职业的威胁，而是对整个社会创新能力的极大释放。

书中对 9 款主流氛围编程工具的详细对比和实战演示，展现了作者深厚的技术功底和丰富的实践经验。从扣子、DeepSeek 到 Cursor、Windsurf，每个工具都有其独特的优势和适用场景。作者没有简单地推荐“最好的工具”，而是教会读者如何根据具体需求选择最合适的工具组合。这种务实的态度体现了真正的技术智慧。

特别值得称道的是，这本书并非简单的工具介绍，而是一本深入的方法论指南。从智能体构建到数据可视化、从微信小程序开发到完整的前后端分离的 Web 应用，书中实战项目的场景几乎覆盖了软件开发的各个层面。更重要的是，作者在每个实战项目中都强调了思维方式的转变——从“我需要学会什么技术”到“我想解决什么问题”。

作为技术从业者，我深知任何新技术都有其局限性。氛围编程也不例外——大模型的概率性生成机制意味着结果的不确定性，工具的快速迭代也带来了学习成本。但正如作者在书中所言，这些都不是阻碍我们拥抱新技术的理由。关键在于掌握正确的方法和思维模式，这样无论工具如何变化，我们都能快速适应。

我始终相信一个理念：技术的最高境界是让所有人都能受益。从软件工程 1.0 的结构化编程，到软件工程 2.0 的敏捷开发，再到如今的软件工程 3.0 大模型时代，每一次技术进步都在降低软件开发的门槛，扩大受益人群。氛围编程正是这一理念的完美体现——它让编程真正成为一种“通用技能”，就像使用 Word、Excel 一样自然。

在这个 AI 重塑一切的时代，掌握氛围编程不仅是技术人员的新技能，更是每个知识工作者的核心竞争力。无论你是产品经理、数据分析师，还是创业者、学生，这本书都将为你点燃创新的火花，帮你释放内在的无限创造潜能。

朱少民

同济大学特聘教授、《软件工程 3.0》作者

当自然语言成为编程语言时，软件世界将如何进化

技术的每一次革命性突破，都伴随着“门槛”的崩塌与“可能性”的重建。当大模型赋予普通人用自然语言直接生成高质量代码的能力时，编程这一曾被视为有专业壁垒的领域，正经历一场深刻的全民化浪潮。这本书所聚焦的氛围编程，正是这场浪潮中最具实践价值的前沿阵地。它不是未来学的空想，而是此刻正在发生的、触手可及的生产力革命。

这是一本关于“赋能”的实用手册。这本书的作者精准地捕捉到了不同人群在拥抱 AI 编程时的核心痛点：非技术背景者畏惧晦涩的语法，入门新手渴望一条高效路径，有技术经验者担忧生成代码的质量与可控性。作者没有陷入对技术原理的冗长阐述，而是以令人信服的实战项目作为贯穿全书的骨架——从智能体构建、数据可视化到全栈 Web 应用、自动化测试，9 个精心设计的案例如同 9 把钥匙，为不同起点的读者打开了通往“所想即所得”的代码生成之门。书中对多款主流氛围编程工具与不同大模型搭配组合的深入剖析，更如同提供了一份清晰的“装备地图”，让读者能依据自身任务需求，精准选择最称手的工具组合，避免在浩瀚的工具海洋中迷失方向。

这是一本关于“范式转换”的行动指南。书中敏锐地指出，氛围编程的核心价值远不止于“自动写代码”。它正在重塑产品开发的流程：产品经理和创业者能以前所未有的速度将脑海中的概念转化为可交互的小程序或 Web 原型，大幅压缩从想法到验证的周期。它也在重构开发者的工作重心：经验丰富的开发者得以从重复的脚手架代码中解放，将智慧聚焦于更复杂的架构设计、性能优化和创造性的问题解决，书中第四部分关于前后端分离的 Web 应用开发和自动化测试的实战内容，正是这种价值跃迁的生动体现。第五部分提供的最佳实践、工具和大模型对比，以及实战检验框架，则为读者建立了一套可靠的方法论，确保这种新范式能稳健落地，产出真正可靠、可维护的成果。

这是一本关于“未来素养”的必读之作。无论是需要处理数据、构建原型的业务

专家，希望提升开发效率、探索前沿生产力的工程师，还是渴望叩开编程世界大门的新手，理解并掌握如何有效地与 AI 协作生成代码，已成为一项不可或缺的核心竞争力。这本书的价值在于它剥去了技术的神秘外衣，将氛围编程这一新兴的工作方式转化为可学习、可实践、可复用的具体步骤。它提供的不是空洞的理论，而是即学即用的工具箱和经过验证的路线图。

在这个 AI 重新定义“可能性”的时代，掌握用自然语言驾驭代码生成的能力，意味着你掌握了将创意加速转化为现实的杠杆。这本书正是启动这一杠杆的实用操作手册。它邀请每位读者，无论背景如何，都能参与并塑造这场正在发生的生产力革命。翻开它，开始构建你的第一个由自然语言驱动的项目，你将真切地感受到：未来已来，触手可及。

最后，我想补充一点。氛围编程的出现无疑是一场效率革命。虽然借助 DeepSeek-R1 等大模型和 Trae 等 AI 原生工具，用自然语言生成代码显著降低了编程的语法门槛和初阶任务的执行时间，但是我们必须清醒认识到：软件工程的本质复杂性并未因此消失。氛围编程提升的更多是“表达”层面的效率，但构建可靠、可维护、可扩展的系统的固有挑战依然存在。这包括精准的需求抽象与分解、复杂的系统架构设计、深层的逻辑缺陷与边界条件处理，以及团队协作与知识管理。因此，当我们拥抱氛围编程提效的同时，更需坚守软件工程的根基——严谨的设计思维、清晰的架构规划、彻底的测试验证和持续的代码治理。新范式不是消除复杂性的灵丹妙药，而是要求我们以更高阶的工程智慧去驾驭它。工具在进化，但工程的根本挑战永存。

茹炳晟
腾讯 Tech Lead、腾讯研究院特约研究员、CCF TF 研发效能 SIG 主席

氛围编程让编程不再高冷

最近，我有幸提前阅读了伍斌老师的这本关于氛围编程的书。这本书可谓恰逢其时，填补了我许多知识空白。

目前国内关于 AI 智能体开发的书，很多都充斥着大量营销语言。我对这一类书已产生审美疲劳，甚至决定不再购买。然而，这本书却让我耳目一新，内容干货满满。

“氛围编程”这个术语出现至今不到一年。我曾使用过多种 AI 辅助编程工具，如 Github Copilot、通义灵码、Cursor、Cline、Roo Code，它们都宣称支持氛围编程。但在中文世界中，几乎没有人能清晰解释氛围编程的本质。这本书填补了这一空白，是目前中文世界中对氛围编程解释非常清晰的著作。更难能可贵的是，作者基于自己 30 余年丰富的工作经验，精心设计了大量实战例子。

这本书不仅对资深程序员和初级程序员大有裨益，对产品经理、业务分析师等非程序员同样有益。若说 Cursor 这类工具主要面向程序员群体，那么“扣子”和“扣子空间”这类工具则主要服务于非程序员群体。书中约三分之一的内容非程序员也完全可以理解，并能通过书中介绍的扣子等工具，动手实现自己的 AI 智能体。这本书全面展示了氛围编程相关工具生态的多样性，正是这种多样性使应用软件，特别是 AI 智能体的开发门槛大幅降低。这是继 30 年前“互联网+Web”之后的又一场技术革命，人人都可以参与其中。然而，机会永远青睐有准备的人，这本书将帮助你为这场革命做好准备。

李锟

资深软件架构师

当我看到编程真的像聊天一样简单

36 年前，当我怀着忐忑不安的心情走进北京工业大学计算机系的教室时，从未想过有一天我会坐在计算机前，用自然语言和 AI 对话来“编程”。那时，为了解决一个小小的语法错误，我需要记忆各种复杂的函数和语法规则，要在绿色的终端界面上敲击枯燥的命令行，在实验室里熬到深夜。编程，似乎永远是少数“技术精英”的专利。

然而，2025 年春节刚过，一切都变了。

DeepSeek 的突然爆火，让我这个已经在编程世界摸爬滚打了 30 多年的“老程序员”感到震撼——不是因为又一个技术突破，而是因为我目睹了一个全新时代的到来。当我第一次看到“氛围编程”（vibe coding，也称氛围式编程或 Vibe 编程，本书以下均用氛围编程）这个热词在社交媒体上疯传，看到 Trae 国际版高峰时段几百人排队使用的那一刻，我知道，编程世界正在被颠覆。

我迫不及待地尝试了这些新工具。当我用中文对话就能让 AI 帮我生成完整的 Web 应用，当我在视频中看到 8 岁小女孩能用 AI 原生 IDE Cursor 搭配 Claude Sonnet 3.5 大模型生成风格满足自己喜好的 AI 聊天应用，当我看到完全没有编程背景的人也能制作出精美的数据可视化图表，当我意识到我写的这本“编程”书中所有代码清单里竟然没有一行传统编程语言的代码时，当我脑海中浮现出氛围编程者与大模型对话时“气泡”纷飞中逐渐露出的喜悦神情，当我看到编程真的像聊天一样简单时，我的内心五味杂陈：兴奋，因为这意味着编程的门槛彻底降低了；忐忑，因为这或许意味着传统编程方式的式微；更多的是感动，因为我终于看到了编程真正实现“全民化”的可能。

于是，我决定写这本书。

氛围编程太值得写了！它不仅让编程成为谁都能做的事情，更重要的是，它真的能用来解决现实问题。我见过产品经理用它快速制作出 MVP 原型，见过数据分析师用它几分钟完成原本需要几天的可视化工作，见过小学生用它制作出自己的第一个智能聊天应用。这不是科幻小说，这就是 2025 年正在发生的现实。

在写作的过程中，我深深意识到氛围编程正在重塑两件事："零基础编程入门"和"写代码解决问题"。传统的编程入门需要先学语法，再学算法，最后才能写出能解决实际问题的代码，这个过程往往要数月甚至数年。而氛围编程让人们可以直接从解决问题开始，在解决问题的过程中自然而然地理解编程的本质。这是一种全新的学习路径，也是一种全新的问题解决方式。

我想对读者说：请用"平常心"看待编程。编程已不再是高深莫测的技能，它正在成为像使用 Word、Excel 一样的日常操作。你不需要成为技术专家，只需要会表达自己的想法，氛围编程就能帮你实现这些想法。

我始终相信一个理念：技术的最高境界是让所有人都能受益。氛围编程正是这一理念的完美体现——谁都能用它解决现实问题，这就是我对技术的最大期许。

当然，我必须承认这本书有局限性。在我动手写这本书时，"氛围编程"这个词刚刚诞生 4 个多月，大模型与氛围编程工具的发展可谓日新月异。书中描述的工具和大模型很快就会有新版本，新的使用场景也在不断涌现。限于篇幅，我无法覆盖所有的应用场景，但我在本书中通过实战来体验氛围编程的方法和案例却可以历久弥新。另外，我也会在读者群里持续分享氛围编程的新发展动态，让本书成为一个活的、不断更新的知识资源。

感谢这个时代，让我有幸见证并参与编程世界的这场伟大变革；更感谢本书的读者，愿意和我一起探索这个充满无限可能的新世界。

让我们一起拥抱氛围编程的时代！

伍斌

2025 年 6 月于北京

前言

在 2025 年春节期间，中国人工智能公司深度求索（DeepSeek）凭借其开源的 DeepSeek-R1 大模型在全球科技圈引发轰动，“氛围编程”这一全新概念也几乎是同时出现，迅速成为科技界的热门话题。随后，国产 AI 原生 IDE Trae 等新一代编程工具的推出，让“用自然语言编程”从概念变为现实，高峰时段数百人排队使用的盛况标志着我们正处于编程界的一次颠覆式创新浪潮中。

在这样的历史背景下，本书应运而生。我希望将这个时期对氛围编程的探索和实践记录下来，让更多人看到氛围编程确实是“谁都能”用来解决现实问题的强大工具。这不仅是一本技术指南，更是一个时代变迁的见证。

目标读者

本书主要面向 3 类读者群体。

（1）**非 IT 背景的人**：包括产品经理、市场营销人员、财务人员、行政人员、学生等。这类读者通常对编程代码感到陌生和恐惧，他们需要解决数据分析、自动化处理、创建简单应用等问题，却缺乏编程技能。

（2）**有 IT 经验的人**：包括程序员、架构师、技术主管等。他们希望了解 AI 时代的新型编程范式，提高开发效率，或学习不熟悉的新技术栈。

（3）**IT 新人**：包括计算机专业学生、初级程序员、转行人员等。

本书的目标是为“任何人都能学会的氛围编程”提供入门指南，因此对读者的技术背景要求极低，只需要具备以下基础知识即可：

- 熟悉手机应用的安装与基本操作；
- 能够使用计算机浏览器上网浏览网页；
- 具备用自然语言清晰表达自己想法的能力。

这些对现代人来说都是日常技能，无须额外学习。

书的结构与使用方法

本书分 5 个部分，共 9 章。

第一部分（第 1 章）全面介绍氛围编程的基本概念、发展历程、技术简介、适用场景和指导原则，为后续的实践奠定理论基础。

第二部分（第 2～4 章）通过 3 个典型应用场景，分别演示如何使用扣子、DeepSeek、Claude、Trae 国际版、Cursor、Windsurf 和通义这 7 款主流氛围编程工具。内容包括构建智能体、数据可视化、Excel 数据分析等，适合所有读者学习。

第三部分（第 5～6 章）专门为产品经理和创业者设计，展示如何运用 Trae 国际版、bolt、Cursor 和 Claude 这 4 款工具快速创建微信小程序和 Web 应用产品原型，实现从想法到可运行产品的快速转化。

第四部分（第 7～8 章）针对有一定技术基础的读者，展示如何利用 GitHub Copilot、bolt 和 Cursor 开发完整的前后端分离的 Web 应用，并通过编写端到端自动化测试来保护代码质量。

第五部分（第 9 章）总结不同人群在进行氛围编程时的攻略，对主流氛围编程工具和可搭配的大模型进行横向对比分析，并提供用实战来检验氛围编程的方法。

为了最大化学习效果，建议读者先扫描本书封底的二维码下载本书配套代码，然后在手机和计算机上按照书中内容结合配套代码进行实战练习。理论与实践相结合，才能真正掌握氛围编程的精髓。

阅读建议

鉴于氛围编程工具所搭配的大模型采用“概率性生成机制”，对于同一个提示词，即使是同一个氛围编程工具搭配同一版大模型，每次也可能生成不同的内容（包括代码）。如果你发现用本书提供的提示词生成的代码运行出错，可以将完整的错误消息反馈给大模型，让其修复。你还可以尝试把提示词优化得更具体，或者使用口碑更好的氛围编程工具与大模型组合（如 Claude 搭配 Claude Sonnet 4 或更新的大模型，以及 Windsurf 搭配 Claude Sonnet 4 或更新的大模型等）来尝试。

考虑到不同读者的背景和需求，推荐以下阅读路径。

（1）**非 IT 背景的人**：建议重点阅读第 1、2、3、4、5、6、9 章。这个路径将帮助你从零开始了解氛围编程，并掌握使用各种工具解决实际问题的方法，最后获得有针对性的最佳实践指导。本书第 1 章帮助读者理解氛围编程的基本概念，使零基础读者能轻松入门；第 2 章展示如何用中文自然语言创建 AI 应用，有效消除编程障碍；第 3 章介绍数据可视化的简便方法；第 4 章提供 Excel 数据分析的实用解决方案；第 5 章和第 6 章提供“单次对话即成功”的方法，高效实现微信小程序和 Web 应用产品原型；第 9 章提供针对性的氛围编程攻略与多款工具与大模型的对比。

（2）**有 IT 经验的人**：建议重点阅读第 1、5、6、7、8、9 章。这个路径将让你快速了解氛围编程的核心概念，掌握快速原型开发技能，并启发你在传统开发流程中融入 AI 辅助编程的方法。针对这些需求，本书第 1 章系统介绍氛围编程技术，助力技术转型；第 5 章和第 6 章展示快速开发微信小程序和 Web 应用产品原型的技巧；第 7 章讲解前后端分离架构的现代开发方式；第 8 章传授如何通过生成端到端自动化测试来保障氛围编程过程中的代码质量；第 9 章提供检验工具与搭配大模型组合生成代码效果的方法。

（3）**IT 新人**：建议按章节顺序通读全书。完整的学习路径将帮助你全面掌握从基础概念到高级应用的所有内容，为你在 AI 时代的编程生涯打下坚实基础。本书采用循序渐进的方式，系统地覆盖从基础概念到实战应用的内容，帮助 IT 新人构建完整的知识体系。书中提供的丰富实战案例，使 IT 新人能够积累宝贵的实践经验，从而通过现代化的方式快速入门和提升技能。

无论你属于哪类读者，都建议在阅读过程中动手实践。氛围编程的魅力在于“所说即所得”，只有亲自体验，才能真正感受到这种新编程范式的强大威力。

让我们一起踏上这段激动人心的氛围编程之旅吧！

致谢

在“氛围编程”这个词诞生后的短短 4 个多月时间里，完成一本包含至少 9 个实战案例的氛围编程实战书，看似不可能完成的任务。然而，当我在 2025 年 6 月 22 日于北京家中写下本书正文最后一个字时，眼前浮现出以下亲朋好友的身影，在此我想对他们表示衷心的感谢。

感谢本书责任编辑杨海玲为我指点当下图书市场的热点，帮助我确定写书的主题和方向。

感谢全球机器学习技术大会主席李建忠为本书作序。他提出的关于氛围编程对产品经理工作内容和角色影响的精彩问题，启发我更好地把握如何撰写“使用氛围编程快速构建 Web 应用产品原型”的相关章节。

感谢同济大学特聘教授朱少民为本书作序。他早在 2023 年 4 月提出的“软件工程 3.0”中“人工智能将彻底重塑软件开发的每一个环节”的深刻洞察，启发我思考 AI 如何彻底重塑非 IT 背景的人解决问题的方式。这帮助我构思出本书前 4 章的实战项目——无须阅读代码，仅通过与 AI 对话就能轻松编程并解决问题，从而更好地服务那些没有机会接触传统编程语言但数量最为庞大的读者群体。

感谢腾讯 Tech Lead 茹炳晟为本书作序。他在序中提出“氛围编程的出现无疑是一场效率革命……软件工程的本质复杂性并未因此消失”的观点，这启发我在本书 1.7 节中提出了氛围编程简单性指导原则。

感谢我的朋友李锟。他不仅为本书作序，还经常向我推荐优质的氛围编程工具和技术大牛，并特意将我引荐给李特丽，使我能获得她对本书的宝贵反馈。

感谢《LangChain 入门指南：构建高可复用、可扩展的 LLM 应用程序》和《AI 辅助编程入门：使用 GitHub Copilot 零基础开发 LLM 应用》的第一作者李特丽。我根据她的反馈改进了本书的章节标题，让读者浏览目录时能更轻松地了解本书的内容框架。

感谢朋友冀利斌对本书预览版的审阅和反馈。他提出了许多有价值的问题，启发我增添了不少能解答读者疑问的内容，如“搭配同样的大模型，为何不同的氛围编程工具生成的代码效果不同”。

感谢北京市建筑设计研究院股份有限公司科技质量中心副主任孔嵩。她反馈的非 IT 背景的人在日常工作中遇到的 Excel 数据可视化和 PPT 制作痛点给了我很大启发，促使我撰写了本书的相关章节。

感谢我在 Thoughtworks 公司的前同事邱俊涛。这位目前已出版 2 本中文和 8 本英文前端开发技术书的勤奋工程师，为我提供了 9 条专业反馈，帮助我在每章开头清晰地呈现该章内容的阅读价值。

感谢可视化需求分析创始人王洪亮。他阅读试读内容后的反馈帮助我将每章开头的阅读目标优化得更加清晰。此外，他的提议也启发我增加了一章专门关于微信小程序的氛围编程实战内容。

感谢我在 Thoughtworks 公司的前同事邹海松。根据他的建议，我在第 7 章中增加了编程过程中必不可少的任务拆解的内容，使这一章的结构更加清晰。

感谢我在 Thoughtworks 公司的前同事郑晔对本书写作方向、架构可视化、任务拆解等内容的肯定和鼓励。在他的建议下，我增加了国产氛围编程工具 Trae 和通义的内容，方便国内读者进行实战。

感谢我在 Thoughtworks 公司的前同事吕健。根据他的建议，我增加了用纸笔手绘线框图然后让 AI 用自然语言描述以形成提示词的内容。

感谢我在 Thoughtworks 公司的前同事仝键。根据这位早在“氛围编程”概念提出前就已提出相似的“许愿驱动开发”理念的意见领袖的建议，我改进了本书关于氛围编程的极简史和探索部分的内容。

感谢我在 Thoughtworks 公司的前同事汪志成。我根据他的建议使本书的架构可视化内容更具目的性。

感谢肖然、李烨、亢江妹、李特丽、汪志成、林宁和冀利斌为本书撰写推荐语。他们的鼓励是我继续创作全民化 AI 编程相关图书的动力。

感谢那些未在此列出姓名但为本书提出反馈并表示关心的朋友们。你们的鼓励就是我写作的动力。

感谢我的妻子薛静。她向我提出的非 IT 背景的人在工作中遇到的数据分析痛点，帮助我让本书相关章节的实战内容更加贴近实际。

感谢我的妻子、儿子和家人对我的体贴、包容和大力支持。

感谢 Notion、Claude、Cursor、Windsurf、DeepSeek、Trae、通义和扣子等强大又好用的 AI 工具及其搭配的大模型。没有它们就没有这本书。

最后，感谢本书的读者。我深知因自己水平有限，本书内容一定存在瑕疵。愿意与我交流的读者可以在国内各大自媒体平台搜索“大厨程序员吾真本”（我的自媒体号）找到我，我会每天关注读者反馈并持续改进。

目录

第一部分　基础

第1章　颠覆传统的氛围编程 …… 3
1.1　用氛围编程快捷解决实际问题 …… 3
1.1.1　用豆包批量改文件名 …… 3
1.1.2　用Cursor将Markdown文档转换为Word文档 …… 5
1.2　什么是氛围编程 …… 9
1.2.1　颠覆传统的氛围编程极简史 …… 9
1.2.2　氛围编程的定义 …… 12
1.2.3　在手机上用Kimi生成第一段代码 …… 13
1.2.4　氛围编程中各个角色及其关系 …… 15
1.2.5　氛围编程工具 …… 21
1.2.6　大模型生成文本类内容的技术简介 …… 23
1.2.7　推理大模型的兴起 …… 25
1.2.8　大模型发展趋势与未来展望 …… 26
1.2.9　氛围编程的潜在风险 …… 27
1.2.10　氛围编程的风险应对 …… 29
1.3　非IT背景的人的氛围编程应用场景 …… 30
1.3.1　办公自动化 …… 31
1.3.2　数据分析与可视化 …… 31
1.3.3　应用原型快速实现 …… 31
1.3.4　个人事务提效 …… 32
1.4　有IT经验的人的氛围编程应用场景 …… 32

1.4.1 快速原型开发 …… 32
1.4.2 开发效率提升 …… 33
1.4.3 跨技术栈探索 …… 33
1.5 IT新人的氛围编程应用场景 …… 34
1.5.1 基础技能学习 …… 34
1.5.2 项目实战练习 …… 34
1.5.3 开发工具使用 …… 34
1.6 氛围编程的核心价值 …… 35
1.7 氛围编程指导原则与工具及大模型的搭配 …… 36

第二部分 入门

第2章 用扣子实现“减少AI幻觉”智能体 …… 41
2.1 扣子简介 …… 41
2.2 用扣子开发AI智能体 …… 42
2.2.1 需求分析 …… 42
2.2.2 开发智能体 …… 43
2.2.3 调试智能体 …… 48
2.2.4 发布智能体 …… 49
2.2.5 在豆包使用与分享 …… 50
2.3 维护智能体 …… 52
2.3.1 更改智能体名称、功能介绍与图标 …… 52
2.3.2 修改智能体功能 …… 54
2.3.3 在扣子商店中使用与分享 …… 55
第3章 用Windsurf等5款工具可视化数据 …… 58
3.1 需求分析 …… 58
3.2 技术栈选型 …… 60
3.3 用DeepSeek搭配R1生成HTML数据看板 …… 61
3.4 用Claude搭配Claude Sonnet 4生成HTML数据看板 …… 65

3.5 用Trae国际版搭配Claude Sonnet 4生成HTML数据看板 …… 67
3.6 用Cursor搭配Claude Sonnet 4生成HTML数据看板 …… 71
3.7 用Windsurf搭配o3-high-reasoning生成HTML数据看板 …… 75
3.8 验证数据准确性 …… 77
3.9 用其他氛围编程工具开发数据看板的体验 …… 79
第4章 用Claude和通义等分析Excel数据 …… 81
4.1 需求分析 …… 81
4.2 用Claude分析Excel数据 …… 82
4.3 用通义分析Excel数据 …… 85
4.4 用其他氛围编程工具分析Excel数据效果对比 …… 87

第三部分 快速

第5章 用Trae实现微信小程序 …… 91
5.1 需求分析 …… 91
5.2 用氛围编程开发微信小程序 …… 92
5.3 用微信开发者工具创建Hello World小程序 …… 93
5.4 用Trae国际版实现“减少AI幻觉”小程序 …… 96
5.5 预览小程序 …… 99
5.6 体验小程序 …… 100
5.7 修改小程序 …… 102
5.8 发布小程序 …… 103
第6章 用bolt和Trae等4款工具快速实现Web产品原型 …… 105
6.1 需求分析 …… 106
6.1.1 描述业务需求 …… 107
6.1.2 将业务需求转为产品需求文档时踩坑 …… 115
6.1.3 让AI提供软件架构与技术栈建议 …… 116
6.2 在氛围编程需求中包含严格技术栈要求时踩坑 …… 117
6.3 用bolt的“Enhance prompt”时踩坑 …… 119

6.3.1 用bolt直接导入Figma线框图时踩坑 …… 120
6.3.2 从Cursor生成的架构图中得到启发 …… 120
6.3.3 在bolt提示词中插入Figma线框图时踩坑 …… 124
6.4 用bolt单次对话成功生成第一阶段氛围编程需求代码 …… 125
6.5 用Claude更换氛围编程需求持久化方案时踩坑 …… 125
6.6 用bolt单次对话成功生成两个阶段氛围编程需求代码 …… 126
6.7 用Cursor生成C4模型架构图 …… 127
6.8 用Trae国际版修复Next.js应用中的bug …… 128
6.8.1 修复一个严重偏离预期的bug …… 129
6.8.2 补充实现两个尚未实现的功能与项目规则文件 …… 130
6.8.3 修复一个API密钥安全性问题 …… 132

第四部分 进阶

第7章 用GitHub Copilot实现前后端分离的Web应用 …… 137
7.1 需求分析 …… 137
7.2 架构设计与Ask模式 …… 140
7.2.1 前后端分离架构 …… 140
7.2.2 用Ask模式获取架构建议 …… 141
7.2.3 自动生成提交消息 …… 147
7.3 任务拆解 …… 149
7.4 用户界面与Vision …… 152
7.4.1 拼凑用户界面 …… 152
7.4.2 为拼凑的界面生成文字描述 …… 153
7.5 用bolt生成React前端代码 …… 156
7.5.1 在本地计算机运行前端 …… 158
7.5.2 看懂前端代码与/explain和#codebase …… 160
7.5.3 格式化代码 …… 162
7.5.4 用Inline Chat的/doc为代码加注释 …… 164
7.5.5 用Inline Chat的/fix修复问题 …… 165

7.6 生成Node.js后端代码 ······ 165
7.6.1 备好发给后端的提示词与Edit模式 ······ 166
7.6.2 生成后端代码与Agent模式 ······ 168
7.6.3 修复运行错误与@terminal ······ 170
7.6.4 点按钮无反应与Ask模式下的/fix ······ 172
7.7 实现流式响应功能与Exclude Files ······ 175
7.8 用“Review and Comment”评审代码 ······ 177
第8章 用Cursor保护代码逻辑不被破坏 ······ 179
8.1 需求分析与技术栈选型 ······ 179
8.2 生成端到端自动化测试代码 ······ 182
8.3 验证端到端测试的保护效果 ······ 183

第五部分 攻略

第9章 氛围编程攻略与工具和大模型选择指南 ······ 187
9.1 非IT背景的人的氛围编程攻略 ······ 187
9.1.1 用“平常心”看待编程 ······ 188
9.1.2 编程不是目的，解决实际问题才是 ······ 188
9.1.3 遇到实际问题时，思考如何用氛围编程来解决 ······ 188
9.2 有IT经验的人的氛围编程攻略 ······ 189
9.2.1 拥抱氛围编程，而非排斥 ······ 189
9.2.2 仔细理解、评审和测试AI生成的代码 ······ 189
9.2.3 理解“设计理念和优劣势”比掌握“如何实现”更重要 ······ 190
9.3 IT新人的氛围编程攻略 ······ 190
9.3.1 编程入门的新途径 ······ 191
9.3.2 小步生成代码并研究错误解决过程 ······ 191
9.3.3 善用“氛围编程先行”贡献开源软件代码以获得更多职场机会 ······ 191
9.4 对比9款主流氛围编程工具及可搭配的大模型组合 ······ 193
9.5 对比16款氛围编程中常搭配的大模型 ······ 195

9.6 用实战来检验氛围编程 …… 199

9.6.1 渐进式实战检验框架 …… 199

9.6.2 关键检验维度 …… 200

9.6.3 持久有效的检验方法 …… 201

9.6.4 检验实施建议 …… 201

附录A 氛围编程中工具准备与常见操作 …… 203

附录A.1 安装或升级Trae国际版 …… 203

附录A.2 安装或升级Cursor …… 203

附录A.3 安装或升级Windsurf …… 203

附录A.4 安装或升级微信开发者工具 …… 204

附录A.5 安装或升级Visual Studio Code …… 204

附录A.6 在Visual Studio Code中安装或升级Copilot插件 …… 204

附录A.7 在Copilot中配置Linear MCP服务器 …… 205

附录A.8 安装或升级Git …… 206

附录A.9 在个人目录解压zip包 …… 207

附录A.10 在Visual Studio Code内置终端运行`npm`命令 …… 208

附录A.11 解决在Visual Studio Code内置终端运行`npm install`命令出错问题 …… 208

第一部分　基础

第1章

颠覆传统的氛围编程

氛围编程（vibe coding，也称氛围式编程或Vibe编程）是2025年2月出现的热门概念，迅速在科技圈引发了热议。由于这一概念非常新，因此许多人还不太了解它。本章将帮助你了解氛围编程的概念，氛围编程对非IT背景的人、有IT经验的人和IT新人的价值，以及氛围编程的11条指导原则。

1.1 用氛围编程快捷解决实际问题

在介绍氛围编程之前，我先通过一些真实案例展示一下它是如何帮助我解决实际问题的，由此帮你更直观地理解氛围编程。

先以批量修改文件名的问题为例，看一下氛围编程是如何帮助我写好这本书的。

1.1.1 用豆包批量改文件名

“写书不怕改稿，就怕插入一章”——为何害怕？因为修改插图文件编号实在麻烦。我最初计划全书写8章，先着手写了第5章（关于用GitHub Copilot实现前后端分离的Web应用），因为这部分内容我最感兴趣。但这一章写完后我发现太长了，竟然有3万字，于是打算把后半部分关于自动化测试的内容拆分到第6章。此时，一位试读读者提出建议，希望加入一章介绍用氛围编程开发微信小程序的内容。我觉得很有道理，考虑到微信小程序的开发量比前后端分离的Web应用要小，决定将其插入原第5章之前。后来又决定在原第5章前插入“用bolt和Trae等4款工具快速实现Web产品原型”那一章。

这样一插入带来了连锁反应是：原第5章变成了第7章，后续章节序号依次顺延。这意味着原第5章中的插图编号也要从“图5-x”改为“图7-x”。虽然用查找、替换功能修改正文中的图号很简单，但要修改插图文件名就没那么容易了。这一章有6个插图文件，都存放在与Markdown格式书稿相同的原第5章目录下。如果不用终端命令批量改名，就只能手动修改这6个文件名。更麻烦的是，原第6章中的17个插图文件名也需要更新。这种用鼠标逐个点击修改文件名的工作虽然不难，却非常烦琐。那么，该如何写一个终端命令来批量改名呢？

在2022年11月ChatGPT爆火之前，如果我想写这样的终端命令，只能在各大搜索引擎或编程问答网站Stack Overflow上搜索关键词，或是临时找本终端脚本编程的书来学习。这两种方法都相当费时费力。但有了ChatGPT后，尤其是在2025年1月DeepSeek爆火之后，直接用自然语言向AI聊天应用（如豆包、夸克、天工、智谱清言、通义、Kimi、元宝、文小言等）提问似乎更顺理成章了。下面是我向豆包提问时使用的提示词（已开启“深度思考”模式）：

```
我在 macOS 的 iTerm2 里运行“ll”命令后，发现所有插图文件名都以“图 5-”开头。我想把所有以“图 5-”开头的文件名批量改为以“图 7-”开头，有什么最简单的方法？另外，在实际修改之前，希望能先用命令预览一下修改后的文件名是否正确。

下面是运行“ll”命令后的结果：

total 67224
-rw-r--r--@ 1 binwu  staff   362K Apr 23 09:50 图 5-1.png
-rw-r--r--@ 1 binwu  staff   390K Apr 24 10:44 图 5-10.png
-rw-r--r--@ 1 binwu  staff   231K Apr 24 17:36 图 5-11.png
（略）
```

豆包提供了两个解决方案：一个是使用mmv命令批量改名，另一个是使用`for`循环配合mv命令。由于mmv需要额外安装，我选择了后一种方案。按照豆包的建议，我首先在终端中进入原第5章的目录，然后输入以下命令（注意插图都是按章分别存放在不同的目录下，所以原第5章目录下只有原第5章的插图，运行下面的命令不会影响其他章的插图文件）：

```
for f in 图 5-*; do echo "mv '$f' '${f/图 5-/图 7-}'"; done
```

这行命令并没有真改文件名，而是让我能预览批量改文件名的命令：

```
mv '图 5-1.png' '图 7-1.png'
mv '图 5-10.png' '图 7-10.png'
mv '图 5-11.png' '图 7-11.png'
（略）
```

确认预览结果无误后，我按照豆包的指示执行了批量修改文件名的命令：

```
for f in 图5-*; do mv "$f" "${f/图5-/图7-}"; done
```

运行列出文件的命令后，第5章目录下的所有文件名都已成功修改：

```
ll
total 67224
-rw-r--r--@ 1 binwu  staff   362K Apr 23 09:50 图7-1.png
-rw-r--r--@ 1 binwu  staff   390K Apr 24 10:44 图7-10.png
-rw-r--r--@ 1 binwu  staff   231K Apr 24 17:36 图7-11.png
（略）
```

乘胜追击，我进入原第7章的目录，仿照前面的两行命令，很快成功批量修改了第7章的插图文件。随后将两个目录的名称一并更正，这项原本烦琐的工作就轻松完成了。

这种让AI聊天应用帮你编写一行终端脚本的过程就是最基础的氛围编程。如果你觉得这个例子还不够精彩，接下来看一个我遇到的更复杂的问题。

1.1.2 用Cursor将Markdown文档转换为Word文档

我喜欢使用Notion撰写文档，因为它可以通过AI随时选择文字并对其进行润色，使表达更加清晰流畅，所以我一直用Notion撰写本书初稿。但将Notion导出的Markdown文档转换成符合编辑要求的具有规定样式的Word文档成了一个难题。

起初，我采用手工转换的方式，计划每写完一章，就将Markdown文档中的正文以“正文”样式复制到编辑提供的Word模板中，再逐一调整标题、代码清单、图题和提示的样式。完成一章后我评估了一下工作量，这项工作耗去了我半天时间。虽然处理一章的工作量尚可忍受，但要手动调整全书9章的样式，恐怕得花上好几天。显然需要寻找更好的解决方案。

我不是正在写一本关于氛围编程的书吗，还在书中倡导“氛围编程谁都行，解决问题变轻松”的理念，如果自己在文档转换这样的问题上还在依赖手工操作，未免有些说不过去。于是，我决定尝试用氛围编程生成Python代码来解决这个问题。

尽管解决这个问题只需要一个Python程序，但是我对Python编程并不熟悉，所以决定首先尝试使用氛围编程领域较强大的（这符合1.7节中的氛围编程大模型升级指导原则）Claude智能聊天应用（后文简称Claude）。

在写提示词前，我需要厘清思路。我手上目前有3个文件：ch04-from.md（我刚写完的第4章文稿的Markdown文件）、ch04-to-manual.docx（我将第4章的Markdown格式的文稿内容以正文样式复制并粘贴到编辑提供的Word交稿模板并手工调整好样式后的Word文件）和ch04-to-template.docx（编辑提供的Word交稿模板文件）。我想让Claude生成Python代码，将ch04-from.md转为ch04-to.docx。

转换的实现方式有很多种，或许我可以把已经手工转换好的ch04-to-manual.docx文件提供给Claude，让它"以终为始"地参考这个文件来编写Python（读到后文就能看出，沿着这个思路实现会踩进坑里。不过氛围编程本身就是探索的过程，经验都是踩坑后才得到的）。另外，因为我要使用编辑提供的Word交稿模板中的样式，所以我需要让Claude将ch04-to-template.docx复制一份，作为保存转换后内容的目标Word文件，这样就能让Python代码使用其中编辑已经定义好的样式了。

厘清思路后，我打开Claude桌面应用，搭配当时编程能力最强大的Claude Sonnet 3.7[①]大模型，并提交了以下提示词：

我上传了 3 个文件，其中 ch04-from.md 和 ch04-to-manual.docx 是两个内容相同但格式不同的文件。我需要一个名为 converter 的 Python 程序来分析这两个文件的格式差异[②]。当运行"python3 converter ch04-from.md"时，程序应执行以下操作：读取 ch04-from.md 的内容，复制 ch04-to-template.docx[③]文件并重命名为 ch04-to.docx，然后将 ch04-from.md 中的内容按照 ch04-to-manual.docx 的样式写入 ch04-to.docx 中。转换完成后，用 Word 打开 ch04-to.docx 时应与 ch04-to-manual.docx 的样式完全一致。由于没有上传 Markdown 文件中的图片，转换后的 ch04-to.docx 可以不包含图片，但所有文字内容和样式必须与 ch04-to-manual.docx 保持一致，不能增减。如遇到"【避坑指南】"这样的特殊样式无法确定如何转换，请告知并尽力保留这些内容。

Claude很快生成了Python代码。运行后发现代码报错，我把错误消息发给Claude

① 这个大模型的版本号曾是Claude 3.7 Sonnet，与它上一个版本Claude 3.5 Sonnet风格一致。但在Anthropic公司推出Claude Sonnet 4之后，这个大模型的前两个版本号也随之调整为新风格。为风格统一起见，本书后文对于Claude这3个版本号都统一使用新风格。

② 这个提示词存在语义模糊问题，未能明确说明"分析格式差异"的具体用途。该提示词实际想表达的是比较两种不同格式文档中相同内容的样式差异，并据此进行格式转换。这正是后文所述问题的根源——即使使用Claude这类顶尖工具和配套大模型，反复修复基于这段模糊提示词生成的代码仍无法解决问题。同时，这也反映了氛围编程新手的典型问题——由于没有深入理解需求而导致提示词表述不清。后文将介绍我如何改进这段提示词并最终成功实现文档格式转换。

③ 这个模板文件起了关键作用。由于模板文件的副本中已包含编辑提供的样式，我设想可以让AI自动分析ch04-from.md文件与相应ch04-to-manual.docx之间的样式对应关系，然后将内容按照这些样式写入副本中。当然，这想法过于理想化了——AI无法自动发现Markdown文档与Word文档之间的样式对应关系，这正是导致后来踩坑的原因。

请求修复。修复后再次运行又出现新的错误。经过多轮修复，代码终于能运行了。但查看转换后的docx文件，发现还有许多样式问题——章节标题、避坑指南和代码清单标题的样式都与编辑提供的模板不符。我继续让Claude修复这些问题。经过十几轮反复对话，代码清单标题的样式还是不对，代码量却随着修复次数的增加而不断膨胀，最终达到700行。这让我感到十分沮丧。

几天后，我偶然在查看模板文件时发现，代码清单标题其实有专门的样式名，可以直接从Word的样式列表中选用。这让我意识到：之前给Claude的提示词中“将ch04-from.md中的内容按照ch04-to-manual.docx的格式写入ch04-to.docx中”这样的转换要求是否过于模糊了？我是不是太相信Claude能有“读心术”的能力，猜出我的想法并像变魔术一样地生成“首次对话即成功”的代码（没有经过反复迭代，在与大模型的第一次对话中即生成运行不报错且实现提示词中描述的80%左右的功能的代码，往往因为运气好）？如果在提示词中明确指出Markdown语法与Word样式名称的对应关系，也许氛围编程工具所搭配的大模型能更好地完成文档格式转换？

于是，我放弃了那700行的Python代码，转而在Cursor（搭配Claude Sonnet 3.7大模型，选用Agent模式）中用更明确的提示词重新生成代码：

```
#file:template-from.md #file:template.docx 是你需要阅读的两个文件。两者内容相同但格式不同。请你帮我开发一个名为 converter-v2 的 Python 程序，用于将 #file:template-from.md 转换成与 #file:template.docx 样式完全一致的新文件 template-to-converted.docx。

当运行“python3 converter-v2 template-from.md”时，程序应：
1）读取 #file:template-from.md 的内容；
2）将 #file:template.docx 复制并重命名为 template-to-converted.docx，然后根据 Markdown 标签与 #file:template.docx 的样式对应关系（见后文），将内容写入 template-to-converted.docx 中。

转换完成后，用 Word 打开 template-to-converted.docx 时，其内容和样式应与 #file:template.docx 完全一致。Markdown 文件中的图片也需要正确插入 template-to-converted.docx 中。要求 #file:template-from.md 中所有文字、插图和表格及其他内容和样式都必须以与 #file:template.docx 一致的样式进行转换，内容不得增减。

在按照后面提供的 Markdown 标签与 Word 样式之间的对应关系进行格式转换（即 .md 格式转换为 .docx 格式）之前，需要进行一个插图文件名转换预处理，这个预处理逻辑只做一件事：扫描要转换的 Markdown 文档，只要遇到“(attachment:xxx:图 x-xx.png)”，就将从“attachment”到“图”之间的内容删除，即转换为“(图 x-xx.png)”，例如将“(attachment:ec94c27f-923d-4ae8-886e-930bd7c3f8e6:图 6-17.png)”转换为“(图 6-17.png)”。之后再执行所有下述转换逻辑。
```

```
以下是 #file:template-from.md 中的Markdown标签与 #file:template.docx 中的Word样式之间的对应关系：
“#”对应“Heading 1”。
一般正文对应“Normal”。
“##”对应“Heading 2”。
“###”对应“Heading 3”。
“```”对应“代码无行号”。
以“代码清单”开头的行对应“超强提示标签”。
“- ”对应“第 1 级无序列表”。
以“表”开头的行对应“表题”。
以“|”开头的表格内容对应“表格单元格”。
以“【避坑指南】”开头的行对应“强提示标签”。
以“提示”开头的行对应“提示标签”。
以“【避坑指南】”开头的“<aside>”内的内容对应“强提示”。
以“提示”开头的“<aside>”内的内容对应“提示”。
以像“1. ”这样的数字开头的行对应“Heading 4”。
图片“[]”中的图片标题对应“图题”。
以``包围的行内代码对应“行内代码”。
“<aside>”内的行内代码两侧的“`”符号在转换后的docx里都要去掉。
```

这次效果出奇地好，与Cursor首次对话它就生成了能正常运行的代码。转换后的Word文档中，代码清单标题样式完全正确。查看Python代码发现只有300多行。经过让Cursor修复几处bug后，文档样式已与编辑提供的模板完全一致。最终的Python代码为385行，不仅代码量比之前的方案精简了一半，而且解决了那些反复修复却仍无法解决的问题。这不仅表明给大模型提供精准的提示词才能快速获得解决实际问题的代码，还促成我总结出1.7节中的氛围编程高配组合优化提示词指导原则。

需要说明的是，虽然第二次代码生成效果出奇地好，但所使用的氛围编程工具是Cursor，并非第一次使用的Claude。为了科学验证氛围编程高配组合优化提示词指导原则，我需要进行更严谨的实验。因此，我专门用Claude搭配Claude Sonnet 3.7（开启“Extended thinking”和“Web search”模式）进行了实验（实验所用的提示词和相关文件参见本书配套代码中的ch01/lab-converter-prompt-old-vs-new目录），这次实验在提示词优化前和优化后得到了不同的结果。实验结果支持了氛围编程高配组合优化提示词指导原则：提示词优化前首次对话生成的代码在运行时报错“KeyError: no style with name “Title””（关键错误：没有名为“Title”的样式）而导致运行中断，而提示词优化后首次对话生成的代码能够正常运行，并成功实现格式转换（尽管存在一些小bug）。

Cursor是一款基于Visual Studio Code开源代码的闭源AI原生IDE（integrated development environment，集成开发环境，即将代码的编辑、编译和调试等功能集成

在一个应用中），于2023年3月推出。它以“对话式编程”为核心理念，可以搭配Claude等大模型，让开发者能通过自然语言与AI聊天应用交互，完成代码编写、调试和重构等任务。

2024年11月24日，Cursor 0.43版紧随Windsurf之后引入了Agent（智能体）模式，能自主使用工具探索、规划和执行复杂代码项目。例如，打开Auto-fix errors开关后，每当Cursor所搭配的大模型根据你的提示词生成了代码，Cursor就会自动在聊天框中运行命令验证代码改动，遇到复杂运行错误时会自动添加调试语句并运行测试，根据结果修改代码，确认无误后再删除这些临时插入的调试代码。这就像有一位经验丰富的程序员在为你编程（1.2.4节将详细介绍这一过程）。

对Python新手来说，385行代码已经是相当可观的规模。这次成功让我深刻体会到了氛围编程的强大。值得一提的是，这个工具已迎来第一位用户——本书的责任编辑。她遇到了与我相同的困扰：收到了一位作者用Notion撰写的Markdown格式书稿，正为如何转换成Word文档发愁。我将这个工具及详细的使用说明README文档上传到Gitee代码库（在Gitee里搜索用户“wubin28”，然后找到convert-book-from-md-to-word-for-epubit-converter-v2代码库）供她试用。不过，她在使用时遇到了问题，因为使用说明是针对macOS系统编写的，在她的Windows 11系统上无法正常使用。于是，我让Claude将针对macOS 系统的使用说明转换成针对Windows 11系统的，它很快就完成了转换。我在自己的Windows 11系统上验证了一下，顺利完成了文档格式的转换。

有了这两次氛围编程的实践经历，我们可以讨论一下什么是氛围编程了。

1.2　什么是氛围编程

“一千个人眼中有一千个哈姆雷特”，每个人对氛围编程的理解可能都不同。要全面认识这个新词，要先了解它的起源。

1.2.1　颠覆传统的氛围编程极简史

2025年2月3日，一条看似随意的推文在硅谷引发了编程界的地震。曾任OpenAI联合创始人和特斯拉公司人工智能部门总监的计算机科学家安德烈·卡帕西（Andrej Karpathy）发布推文：

> 有一种新的编程方式，我称之为氛围编程。在这种编程过程中，你完全

> 沉浸于编程氛围中，拥抱编程世界指数级的发展，甚至忘记了代码的存在。这一切归功于大模型（如Cursor在Composer模式[①]中搭配的Claude Sonnet 3.5）的强大能力。我现在使用SuperWhisper[②]在Cursor的Composer模式中对话，几乎不用触碰键盘。因为不想在代码中逐行查找，我会直接提出简单的要求，例如"将侧边栏的内边距减半"。我总是直接点击"Accept all"按钮，不再比对差异。遇到错误消息时，我就直接将其复制到提示词输入框，不加任何解释就提交——通常这样就能让大模型修复错误。现在的代码量已超出我日常的理解范围，要完全读懂需要很长时间。当大模型修复不了bug时，我就绕过去或随机提出修改要求，直到问题消失。这种方式对周末开发一次性项目非常合适，而且很有趣。虽然我确实在构建项目和网页应用，但这已经不能算是传统意义上的编程了——我只需要看看屏幕、说说话、运行一下、复制并粘贴一下，生成的代码就基本可用了。

这条随手写就的推文不仅创造了一个全新的编程概念，开启了软件开发史上最具争议的革命，还破圈至没有IT技术背景的"泛程序员"群体。为什么会出现这种现象？这要从零基础入门编程的传统方式说起。

在2022年11月OpenAI公司推出搭配GPT 3.5大模型、具备代码生成能力的ChatGPT之前，新手大多以传统方式入门编程：先发现实际问题并选择编程语言，然后通过读书、看视频、编写并运行样例代码学习该语言，接着照着书上或视频里的例子写一个小项目，然后把例子中的需求稍作修改后独立重写一遍，最后再尝试用所学知识解决问题。但麻烦的是，例子中的小项目往往与要解决的实际问题差异较大，让新手十分抓狂。

以我在前面提到的经历为例，在写本书时需要将书稿从Markdown格式转换为Word格式，而Python程序可以完成这项工作。作为Python新手，按照传统学习方式，我需要先通过读书、看视频和动手实践来掌握Python的基础语法，从编写简单程序开始练习，顶多再把练习中的需求稍作修改后独立重做一遍。即使完成这些基础学习，我还是不会写格式转换的代码，因为编程书里一般不会教这类实用工具的开发。我不

---

① Cursor的Composer模式最初于2024年7月13日作为实验性功能（beta版本）发布，它将氛围编程的能力从仅支持编辑单行代码和单个页面，扩展到能够同时编辑和创建多个源代码文件。这些功能与2025年3月24日Cursor 0.48版发布时推出的Manual模式（只能修改用户明确指定的那些文件）十分相似。在本书撰写时，Cursor推荐氛围编程者优先使用更加方便的Agent模式，因为在Agent模式下Cursor具备理解和编辑整个项目所有代码的能力，无须指定具体要修改哪些文件，Cursor就能自行选择需要修改的文件。

② 一种在macOS系统个人计算机上运行的语音识别软件，让用户能通过语音而非键盘与AI工具协作。

得不运用有限的Python知识去网上搜索类似的文档格式转换示例。好不容易找到相关代码后，还需要将其修改成适合我特定需求的版本。遇到困难时，我只能在搜索引擎或Stack Overflow等编程问答网站上寻找解决方案。这种传统的学习过程通常需要花费几天甚至几周时间。

然而，ChatGPT问世后，借助它催生的AI聊天应用（如Claude、豆包和DeepSeek），我这个Python新手仅用两天就完成了同样的文档转换任务。

我用AI聊天应用生成代码完成文档格式转换，就是在做氛围编程。要讲氛围编程的起源，要从2023年1月的一条推文说起。当时，卡帕西在推特（现已更名为X）上发出了一条看似玩笑却极具预见性的推文："The hottest new programming language is English"（最热门的新编程语言是英语）。这句话背后蕴含着深刻的洞察——大模型已经强大到足以让人们直接用自然语言控制计算机，而无须掌握专门的编程语言。这一观点在两年后成了氛围编程概念的思想源头。

进入2025年，这一理念开始从理论走向实践。2月，《纽约时报》记者凯文·鲁斯（Kevin Roose）决定亲自验证这种可能性。他开始进行氛围编程实验，创建了几个小型应用。鲁斯将这些应用称为"为一个人而生的软件"——专门为解决特定个人需求而设计的AI生成代码工具。其中最有代表性的是一个名为LunchBox Buddy（午餐饭盒伙伴）的应用，它能够根据冰箱中的食材提供第二天的午餐食谱建议。

鲁斯的实验很快引起了广泛关注。2月13日，科技博客Business Insider将氛围编程描述为"硅谷的新流行词"，标志着这一概念开始进入主流话语体系。然而，并非所有人都对此持乐观态度。认知科学家加里·马库斯（Gary Marcus）对鲁斯的实验提出了尖锐批评，他指出生成LunchBox Buddy应用的算法很可能是在类似任务的现有代码上训练的，因此鲁斯的氛围编程成果更多源于复制而非真正的原创。

尽管存在争议，氛围编程在硅谷的实际应用却在加速推进。3月5日，两个重要的实证数据同时公布。美国硅谷知名创业孵化器Y Combinator公司的管理合伙人贾里德·弗里德曼（Jared Friedman）在发布于YouTube的一段对话中透露了一个惊人的数字：在2025年初创公司冬季训练营中，约有四分之一的初创公司有95%的代码是由AI生成的。弗里德曼特别强调，这些创始人并非不懂技术的门外汉，而是"个个技术精湛，完全有能力从零开始打造产品"的专业人士，但他们现在选择让AI来完成绝大部分编程工作。

同一天，创业者丹尼尔·本特斯（Daniel Bentes）公布了他为期27天的氛围编程实验结果。通过1700多次代码提交（其中99.9%为AI生成），本特斯发现了氛围编程的发展规律：从最初的“蜜月期”——AI工具表现出色，自然语言描述能在几分钟内转化为能运行的功能，到“上下文崩溃期”——代码的复杂性增大，当代码超过约5000行时，AI工具开始失去对系统整体脉络的把握（这启发我总结出1.7节的氛围编程简单性指导原则）；最终进入“维护困难期”——代码变得难以维护和调试。

这一概念的影响力在3月继续扩大。韦氏词典将“vibe coding”正式收录为“俚语和趋势”名词，表明其在语言学层面获得了认可。与此同时，《纽约时报》、Ars Technica、《卫报》等主流媒体纷纷对此现象进行深度报道。

3月19日，程序员西蒙·威利森（Simon Willison）发表了一篇具有里程碑意义的博客文章，首次系统地定义了氛围编程与传统AI辅助编程的根本区别。威利森明确指出，氛围编程的核心在于“用户接受代码而不完全理解”和“不评审AI生成的代码”，这与需要详细评审、全面测试并能向他人解释代码的传统AI辅助编程形成了鲜明对比。他的这一定义为这个新兴概念提供了清晰的理论框架。

3月26日，《财富》杂志报道了Y Combinator公司的CEO加里·谭（Garry Tan）对氛围编程效率的惊人评价：“氛围编程让10名工程师能够完成100名工程师的工作。”这一说法进一步推高了业界对这一新编程方式的期待。

到了4月8日，氛围编程终于获得了大型科技公司的正式认可。IBM在其官方博客中将氛围编程定义为“一种全新的编程方法，用户用自然语言表达意图，AI将这种思维转化为可执行代码”。至此，从卡帕西的预言性推文到IBM的官方定义，氛围编程完成了从概念萌芽到主流认可的完整历程。

从安德烈·卡帕西的一条推文开始，氛围编程已从一个编程概念演变为一种文化现象、一场关于AI与人类协作的全球对话，以及对软件开发未来的预言。

无论是赞成者还是批评者都承认，这种编程方式代表了一个根本性的转变：从手写代码到与AI对话生成代码，从必须理解每一行代码到“先拥抱不确定性”。

正如卡帕西本人所说，氛围编程可能“不太适合严肃的项目，但仍然相当有趣”。然而，随着AI能力的不断提升和工具的日益完善，氛围编程可能不仅“有趣”，而且正在重新定义编程的本质、软件开发的方式，以及AI时代中人类程序员的角色。

1.2.2　氛围编程的定义

氛围编程是一种颠覆传统的新型编程方式。通过这种方式，编程者（包括不具备传统编程语言知识的人）可以使用中文、英文等自然语言，借助氛围编程工具与搭配的大模型进行对话来生成实用代码（包括传统编程语言、计算机终端脚本、架构图等示意图脚本或用作AI聊天提示词的自然语言），而无须完全理解大模型生成的代码。与传统编程最大的区别在于，氛围编程者往往因时间精力所限不会详细评审大模型生成的代码变更，即使不完全理解这些变更也会全盘接受（但这并不妨碍后期仔细阅读、理解和测试）。当代码运行出现错误时，编程者只需将错误消息反馈给大模型，由大模型负责修复。

上述定义中的大模型，指的是在氛围编程场景下经常搭配的以下3种大模型（为行文方便，以后当与氛围编程工具搭配时统称大模型，而不再具体指明是哪类大模型，各种大模型的对比参见9.5节）。

- 大语言模型（large language model，LLM）：专门处理和生成文本的大规模神经网络模型，擅长理解和生成自然语言内容。如 Claude Sonnet 4、GPT-4.1、DeepSeek-v3-0324 和 Qwen-3。
- 多模态大模型（large multimodal model，LMM）：能够同时处理多种数据类型（如文本、图像、音频）的大模型，实现跨模态理解和生成。如 GPT-4o、Gemini 2.5 Pro、Doubao-seed-1.6 和 Kimi k1.5。
- 专门化大模型（specialized model）：针对特定任务或领域进行深度优化的大模型，在特定场景下性能卓越。如 o3、SWE-1 和 DeepSeek-R1。

氛围编程的核心特征可归纳为5个关键词：颠覆传统、自然语言、大模型、不完全理解、完全接受。其中“不完全理解”这一特征意味着即使是不具备传统编程语言知识的非IT背景的人，也能在大模型的帮助下进行氛围编程。这就让“氛围编程谁都行，解决问题变轻松”成为可能。

此外，这个氛围编程的定义还扩展了大模型所生成“代码”的范围，将可用作AI聊天提示词的自然语言也纳入其中。这呼应了卡帕西那条“最热门的新编程语言是英语”的推文。

如果你对此仍有疑虑，不妨跟随我一起用手机进行一次氛围编程实战。

1.2.3 在手机上用Kimi生成第一段代码

这个氛围编程实战将用手机上的AI聊天应用生成一个“Hello world音乐专辑封面”。Hello world程序通常是程序员入门时的第一个程序，它能在计算机终端显示

“Hello world”文字。既然氛围编程已经颠覆传统，不妨按下面的步骤让手机上的Kimi应用[①]搭配Kimi k1.5大模型生成一个独特的“Hello world音乐专辑封面”来纪念这个时刻。

（1）准备AI聊天应用Kimi手机应用。如果手机上尚未安装Kimi，可以在手机应用商店搜索“Kimi”并安装。如果手机上已经安装了Kimi，请确保更新到2.1.6或以上版本。

（2）开启新聊天。如果Kimi正处于一个聊天中，那么可以点击屏幕右上角的“+”，开启新聊天。

（3）开启“长思考（k1.5）”[②]模式。如果提示词输入框底部显示“联网搜索”功能，将其关闭，因为不需要搜索最新信息。

（4）输入提示词并提交。在提示词输入框中输入以下提示词，提交后观察大模型的输出：

```
请生成一个“Hello world”字样的动感浪漫专辑封面。要求使用浅色调，并以可运行的 HTML 格式输出。将 HTML 代码单独放在一个代码块中，不要添加任何说明文字。
```

（5）查看HTML代码。点击大模型输出内容中HTML代码界面上方的“代码”选项卡，查看以`<!DOCTYPE html>`开头的代码，如图1-1所示。

这表明AI聊天应用已成功根据提示词生成了HTML代码。那么，这段代码是否能正常运行呢？

（6）预览HTML代码所画的动感浪漫专辑封面。点击代码界面上方的“预览”选项卡即可查看成品。封面中的“Hello world”文字、小红心和蓝色圆点都在缓慢移动，表明生成的HTML代码运行正常，成功实现了预期的动态效果，如图1-2所示。

Kimi在首次对话中就根据提示词成功地生成了可运行的HTML代码，并呈现出一个动感的专辑封面效果。这个结果令人惊叹。那么，Kimi究竟是如何在背后运作，实现这一功能的呢？

---

① 因为Kimi比较热门且在手机端提供HTML代码预览功能，所以在此以Kimi为例进行说明。在手机上安装智谱清言或阶跃AI也可以实现同样的预览效果。此外，也可以使用夸克、天工、DeepSeek、豆包、通义、文小言、MiniMax、秘塔AI搜索或讯飞星火，但这些应用大多无法在手机端预览HTML图形，只能在计算机网页端预览，或将代码复制到codepen.io在线HTML工具查看。注意，如果选择元宝或纳米AI搜索，它们无法完成第4步中的图形绘制任务。

② 在其他应用中，类似的模式可能名为“推理”“深度思考”“深度”或“深度推理”，建议开启。

图 1–1　在 Kimi 手机应用中查看 HTML 代码

图 1–2　在 Kimi 手机应用中预览 HTML 代码所画的专辑封面

1.2.4　氛围编程中各个角色及其关系

在1.2.3节的氛围编程案例中，生成HTML版专辑封面涉及3个角色：氛围编程者、Kimi手机应用和Kimi k1.5大模型。这三者之间的关系如图1-3所示。

图1-3其实是一张用C4模型（C4 model，一种新兴的架构可视化方法）风格绘制的架构图，围绕着3个关键角色及其互动展开。在这个氛围编程过程中，移动端氛围编程者作为用户，通过语音或文字向系统描述创意需求，能生成个性化代码作品，并在手机上实时预览和分享这些作品。Kimi手机应用充当用户交互的前端界面，提供语音和文字输入功能，管理多轮对话流程，支持代码的展示、编辑和实时预览，同时具备分享和导出功能。而在系统核心，Kimi k1.5大模型是由月之暗面开发的AI引擎，它深度理解用户意图，支持长思考推理模式，针对创意代码生成和视觉设计进行了专门优化，并为移动端使用场景做了适配。

在交互关系方面，用户首先通过语音或文字向Kimi应用输入创意需求，包括设计风格偏好和技术要求。随后Kimi应用将这些需求发送给大模型进行内容分析和长思考推理。整个系统的设计理念是让普通用户能通过自然语言描述，在移动设备上轻松创建专业的HTML专辑封面，实现氛围编程的创作体验。

从图1-3可以看出，Kimi k1.5大模型是完全独立于Kimi手机应用的系统。Kimi手机应用充当中间人角色，它接收用户的提示词，经过处理（可能保持原样，也可能添加额外提示词）后，将其发送给后端的Kimi k1.5大模型。

若将图1-3改编为本书的氛围编程主题，呈现的结构如图1-4所示。

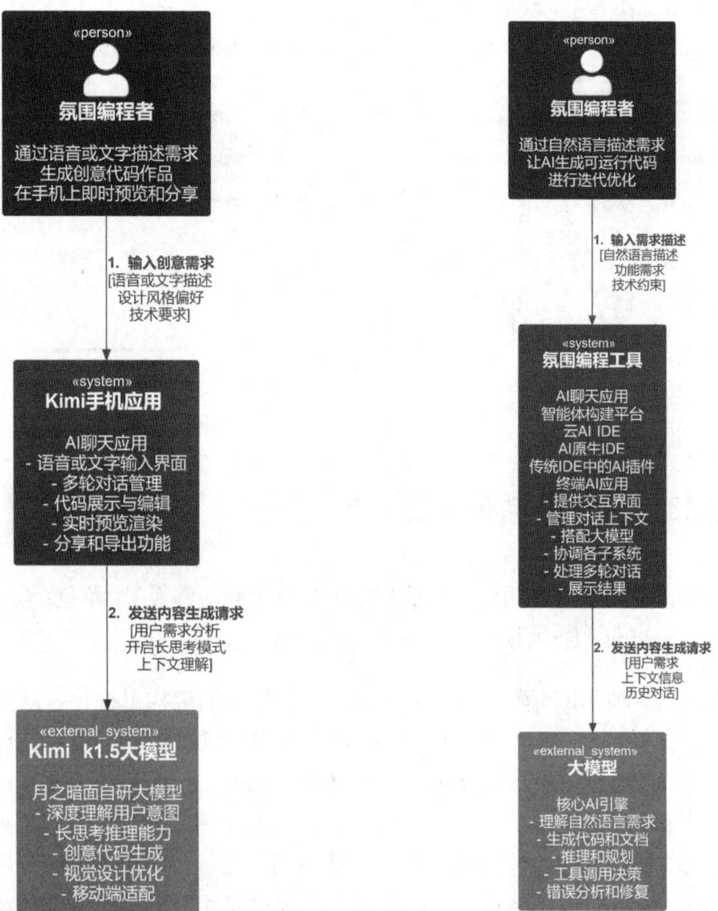

图 1-3　使用 Kimi 生成 HTML 版专辑封面中的角色及其关系

图 1-4　氛围编程中各个角色及其关系

图1-4也展示了3个关键角色及其关系。第一，氛围编程者作为用户，通过自然语言表达自己的编程需求，无须深入掌握复杂的编程语法。用户只需描述想要实现的功能，然后让AI为其生成可直接运行的代码，并在需要时通过对话方式进行迭代优化。

第二，氛围编程工具扮演着用户与AI之间的桥梁角色，形式多样且功能丰富。这些工具可能是AI聊天应用（如Claude或ChatGPT），也可能是基于浏览器的云AI IDE，或是专为AI编程设计的AI原生IDE，甚至是传统IDE中的AI插件和命令行界面的终端AI应用。不论形式如何，它们都提供了人机交互界面，管理对话上下文，搭配大模型，协调各子系统运作，处理多轮对话逻辑，并展示生成的代码和运行结果。

第三，关键角色是大模型，作为整个系统的核心AI引擎，它具备深度理解自然语言编程需求的能力，可以生成高质量代码和相关文档，进行逻辑推理和任务规划，智能决策何时调用外部工具，并能分析错误提供修复方案。

在交互流程中，用户首先通过自然语言向氛围编程工具描述需求和技术约束，工具接收并处理这些输入；随后，氛围编程工具将用户需求连同上下文信息和历史对话记录发送给大模型进行处理。这种架构设计的核心价值在于大幅降低了编程门槛，让用户能够通过自然语言交流方式实现编程意图，而无须深入掌握特定编程语言的语法和技术细节。

需要特别强调图1-4中的一个关键点：大模型是完全独立于氛围编程工具的外部系统，但很多人误认为这两者是一体的，以至于错误地认为氛围编程工具代表着AI生成代码的能力，而实际上起作用的是大模型。此外，虽然“AI生成代码”这种说法已经流行起来，但需要明确这个表述实际上指的是“大模型生成代码”，而氛围编程工具主要起中间人的作用。

【避坑指南】大模型独立于氛围编程工具会导致什么令人困惑的现象？

会导致这样的怪事：分别在Cursor和Trae国际版中搭配相同的Claude Sonnet 4大模型，并提交相同的提示词，Cursor可能在首次对话时生成良好的代码，而Trae国际版可能会运行出错（此处仅用Cursor和Trae国际版举例，并不意味着实际情况确实如此）。

出现这种情况通常有两个原因。首先是1.2.9节提到的大模型“概率性生成机制”——Trae国际版访问大模型时可能恰好遇到大模型产生“幻觉”。其次是氛围编程工具作为“中间人”对提示词的处理和大模型参数的配置可能不当。以温度（temperature）参数为例（仅作为示例，不一定是这个原因），它控制着大模型输出的随机性和创造性，取值通常在0到1之间（某些系统可能支持更高值）。设置较低的温度值会让大模型倾向于选择概率最高的词，设置较高的值则增加其他词的选择可能性。这就像从同一个海鲜摊位买来相同的食材，不同厨师却能做出不同风味的菜品。因此，如果发现Trae国际版即使使用同版本Claude大模型也总是生成质量不佳的代码，很可能是因为第二个原因。遇到这种情况，建议改用Cursor。

如果你对氛围编程背后更完整的运作机制感兴趣，可以将图1-3绘制得更详细，这样使用Kimi生成HTML版专辑封面的氛围编程完整版概念图如图1-5所示（如果不感兴趣，可以放心地跳到下一节）。

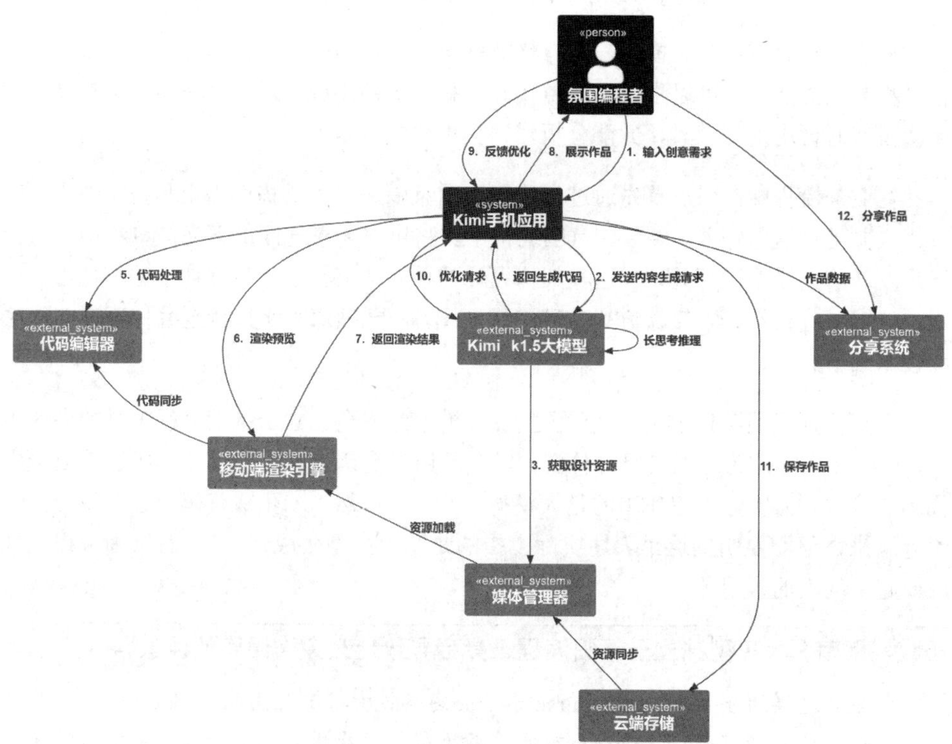

图 1-5 使用 Kimi 生成 HTML 版专辑封面的氛围编程概念图（只包含框架的完整版）

图1-5之所以展示“只包含框架的完整版”，是因为包含职责描述的完整版概念图文字过多，无法在一页纸中展现全貌，因此图1-5删去了职责描述，仅保留各子系统的标题及相互之间的关系。要全面理解这张图，建议在计算机上打开完整版（可查看本书配套代码中的ch01/c4-model-diagrams/图1-5-full.svg文件，该文件为纯文本脚本），边预览图边阅读后续解释文字。如果你不知道如何预览SVG格式的完整版，可通过浏览

器访问免费在线SVG图预览工具svgviewer.dev，然后用Trae国际版（如未安装可参见附录A.1进行安装）打开“图1-5-full.svg”文件，将文件中的所有SVG脚本复制并粘贴到svgviewer.dev页面左侧输入框，即可在右侧预览此图。或者，你也可以向你喜欢的AI聊天应用提问：“你是互联网信息搜索专家，请搜索互联网，找出3款能在浏览器中预览SVG图的在线免费工具”，然后从AI聊天应用推荐的工具中选择合适的工具预览SVG图。

图1-5所示的概念图（只展示概念，并非实现Kimi手机应用的架构图）全面展示了Kimi如何生成HTML版专辑封面的完整工作流程。整个系统由8个相互关联的核心组件组成，共同打造出一个复杂而高效的创作环境。

除了图1-3中包含的氛围编程者、Kimi手机应用和Kimi k1.5大模型，系统还包含了移动端渲染引擎、代码编辑器、媒体管理器、云端存储和分享系统，以支持完整的创作体验。移动端渲染引擎基于WebView技术提供HTML/CSS/JavaScript的渲染能力，以方便用户预览HTML代码绘制的专辑封面图；代码编辑器为移动端优化了代码处理功能；媒体管理器负责各类设计资源的管理；云端存储提供作品同步和历史记录；分享系统则实现了多平台的分享能力。

整个创作流程包含8个主要步骤：用户输入创意需求，应用将其发送给k1.5大模型；大模型从媒体管理器获取设计资源，然后返回生成的代码；应用将代码送至编辑器处理，再发送渲染请求给渲染引擎；渲染引擎返回结果后，应用最终向用户展示完成的作品。

此外，系统还支持优化流程，让用户提供反馈建议，应用将这些优化请求发送给大模型进行迭代改进。系统也支持将作品保存到云端存储，并允许用户通过分享系统发布作品。

在系统协作机制方面，各组件之间形成了紧密的互动关系：代码编辑器与渲染引擎实现实时代码同步和预览刷新；媒体管理器与云端存储协同进行素材库更新和云端备份；渲染引擎与媒体管理器合作实现动态加载素材和缓存管理；而在k1.5大模型内部，长思考模式所具备的推理能力支持深度需求分析和创意构思。

这个完整架构展现了现代AI辅助创作工具的复杂性和精巧设计，通过多个专业化组件的协同工作，为用户提供从创意描述到最终作品发布的完整氛围编程体验。

与图1-5类似，图1-6展示了氛围编程相对完整的运作机制概念图（与图1-5一样，这里展示的也是“只包含框架的完整版”，完整版可查看本书配套代码中的ch01/c4-model-diagrams/图1-6-full.svg文件）。

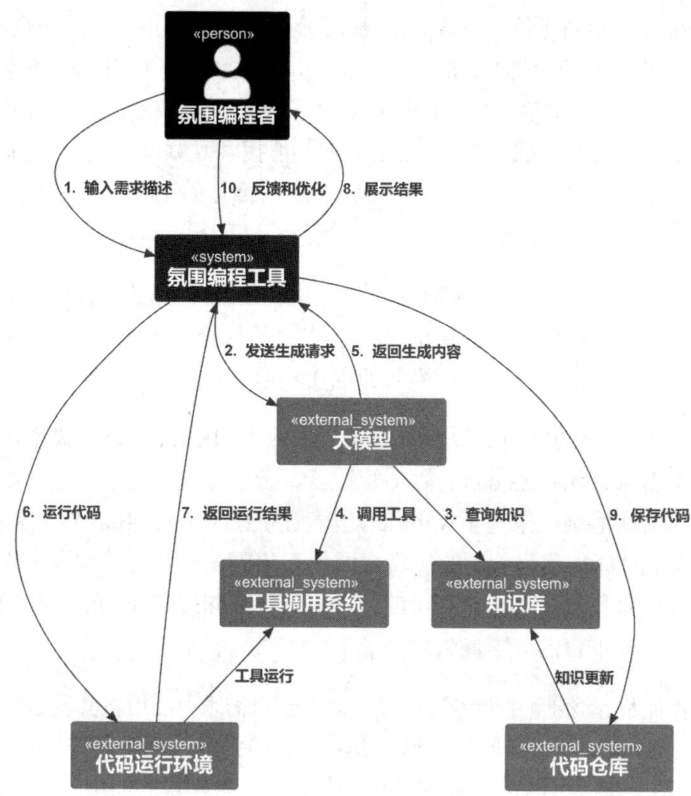

图 1–6　氛围编程运作机制概念图（只包含框架的完整版）

在这个生态系统中，除了氛围编程者、氛围编程工具和大模型，氛围编程工具所使用的代码运行环境不仅能隔离个人计算机上的底层操作系统以确保安全性，还支持多种编程语言的实时运行，捕获运行结果并检测错误，同时监控代码性能和资源使用情况。工具调用系统则提供丰富的扩展功能模块，包括文件系统操作、网络请求处理、数据库访问、第三方API集成和外部服务调用。

代码仓库是一个完整的代码管理和版本控制系统，支持代码存储、版本历史追踪，并提供分支管理和多人协作支持。知识库则存储编程知识和最佳实践，包含代码模板、设计模式、技术文档，并提供常见问题的解决方案库。

在完整工作流程中，核心生成流程包括9个步骤：首先，用户用自然语言描述功能需求和技术约束；然后，氛围编程工具将需求发送给大模型；接着，大模型从知识库获取相关模板和最佳实践；根据需要调用工具进行文件操作、API调用等；之后，大模型返回生成的代码、文档和解释说明；氛围编程工具在安全环境中运行生成的代码；运行环境返回运行输出、错误消息和性能数据；用户看到代码内容、运行结果和改进建议；最后，氛围编程工具将代码保存到仓库进行版本管理。此外，还有持续优化流程，即用户提供反馈和修改需求，系统进入新一轮优化循环。

在系统协作机制方面，工具调用系统与运行环境之间的协作确保工具在安全沙箱环境中运行，保证系统安全；而知识库与代码仓库之间的协作则使知识库能从代码仓库学习新的编程模式，持续更新知识储备。

这个完整架构实现了“描述即编程”的愿景：降低了使用门槛，让用户只需描述想法，无须掌握编程技能就能生成可运行的代码；提高了效率，由大模型自动处理复杂的代码生成和优化工作；提升了质量，通过知识库和最佳实践提升代码质量；确保了安全可靠，在隔离环境中运行代码，保证系统安全；并且能够持续改进，通过反馈循环不断优化生成结果。这种架构代表了氛围编程工具的未来发展方向，让编程变得更加直观、高效和易用。

使用Kimi手机应用生成HTML版专辑封面的例子展示了AI聊天应用作为氛围编程工具的应用。那么，除了AI聊天应用外，还有哪些其他类型的氛围编程工具呢？

1.2.5　氛围编程工具

撰写本书时，氛围编程工具可分为以下6类。

（1）AI聊天应用。这类工具一般提供手机应用和网页端应用，少数还提供计算机桌面应用。其界面类似微信的一对一聊天：用户输入提示词后，AI聊天应用将其发送给搭配的大模型处理，并在聊天区显示回复内容。目前国内常见的AI聊天应用包括DeepSeek、豆包、Kimi、通义、元宝、文小言、智谱清言、阶跃AI、夸克、天工、秘塔AI搜索、纳米AI搜索、讯飞星火和MiniMax。

（2）智能体构建平台。这类工具主要用于创建、配置和部署定制化的AI智能体，通常提供网页端服务和部分移动端应用。其界面一般包含智能体配置区、知识库管理区、工作流编辑区和预览测试区等模块。用户可以通过可视化界面设定智能体的角色、知识背景、对话风格和业务流程，无须编程即可构建专属的AI助手。这些平台通常支持接入多种大模型，并提供API接口供第三方应用调用。目前常见的智能体构建平台有扣子、百度的AppBuilder和腾讯的元器。

（3）云AI IDE。这类工具主要用于生成带前端界面的Web应用和移动端应用，主要提供网页端服务，即主要在计算机浏览器中使用。其界面分为两部分：左侧类似AI聊天应用，可输入提示词、查看AI回复，并进行代码解释、代码生成和工具调用；右侧显示代码文件树、文件预览、应用运行预览和运行日志终端等界面。目前常见的云

AI IDE包括Bolt.new、v0、Lovable和Replit。

（4）AI原生IDE。这类工具在本地计算机上运行，一般基于开源的Visual Studio Code（MIT协议，允许商用）开发，增加了代码解释、代码生成、调用工具等大模型相关功能。使用这些功能需要搭配相应的大模型。这类工具也提供AI聊天界面，用于输入提示词和查看AI回复。目前常见的本地AI原生IDE包括Windsurf IDE、Cursor［从2025年7月16日开始，在国内使用Cursor搭配Claude系列大模型时会遇到"This model provider doesn't serve your region"（该大模型厂商未向你所在的地区提供服务）的错误提示，用户需要在Cursor的网络设置中将"HTTP Compatibility Mode"从默认的"HTTP/2"改为"HTTP/1.1"才能临时解决这一问题。若介意这个问题，可用Windsurf搭配Claude Sonnet 4替代，因为恰好在7月中旬，Windsurf的CEO与核心团队投奔谷歌且Windsurf剩余团队及资产被Cognition公司收购后，Windsurf又重新获得Claud系列大模型的完全使用权］、Trae（分为可连接Claude等国外大模型的国际版和仅能连接DeepSeek等国内大模型的国内版）和Lingma IDE。

（5）传统IDE中的AI插件。这类工具作为Visual Studio Code或JetBrains IDE等传统IDE的插件存在。在Visual Studio Code的插件管理界面中激活AI插件并搭配大模型后，插件会提供AI聊天界面，用于输入提示词、查看AI回复，还可进行代码解释、代码生成和调用工具等操作。虽然可以在同一IDE中安装多个AI插件，但通常只激活一个使用。目前常见的本地传统IDE中的AI插件包括GitHub Copilot、Cline、Augment Code、Roo Code、腾讯云代码助手CodeBuddy等。

（6）终端AI应用。这类工具在本地计算机终端中运行，表面上看像是在执行终端命令，实际上是以命令的形式调用所搭配的大模型来生成代码。目前常见的终端AI应用包括Claude Code、Aider和OpenAI Codex CLI。

【避坑指南】没有编程经验的人，是不是只适合用 AI 聊天应用，而不适合用 IDE 进行氛围编程？

恰恰相反。缺乏编程经验的人也可以通过书、视频和AI聊天应用的辅助快速掌握IDE的使用。用IDE进行氛围编程有一个突出优势：如果AI生成的代码包含几十个源文件，你可以在提示词中使用专用符号（如以@或#开头）来精确引用要修改的文件和目录，并能用鼠标选中IDE内置终端中的错误消息，直接将这些错误及其行号范围提交给大模型，无须每次都复制并粘贴。这种方式不仅让提示词简洁高效，还能帮助大模型更准确地理解你的需求。

这6类氛围编程工具都需要搭配大模型才能生成代码。那么，大模型是如何生成代码的呢？

1.2.6　大模型生成文本类内容的技术简介

大模型生成文本类内容（包括代码）的能力源于其深度学习架构和精心设计的训练流程。这个看似神奇的过程实际上遵循着清晰的技术路径：从构建强大的神经网络“大脑”，到通过海量数据学习编程知识，再到指令微调让模型“听懂人话”，进而通过推理能力训练获得深度思考能力，并运用测试时缩放优化进行多轮验证，最终在实际推理生成阶段实现真正的智能代码生成。

2025年标志着代码生成技术的重大转折点。传统的“下一个token预测”模式正在被推理大模型和混合推理技术所革新。现代代码生成不再只是简单的模式匹配，而是具备了类似人类程序员的深度思考和推理能力。整个技术体系现在包含架构设计、预训练、指令微调、推理能力训练、测试时缩放优化和实际推理生成6个核心阶段。

1. 架构设计

现在，用于生成代码的大模型主要采用基于2017年谷歌提出的Transformer架构。与原始Transformer的编码器-解码器结构不同，当前主流的代码生成大模型（如GPT系列和Code Llama）采用decoder-only架构，这种设计更适合自回归的代码生成任务。Transformer的核心创新是自注意力（self-attention）机制，它让大模型能够全局地理解代码上下文，同时关注代码中的所有部分，“理解”变量定义、函数调用、类继承等复杂关系；根据当前生成位置的需要，动态调整对不同代码片段的关注程度；相比传统循环神经网络（recurrent neural network，RNN）架构，能够并行处理整个序列，大幅提升训练效率。

大模型通常包含多个并行的注意力头，数量因大模型而异，从8头到数十头不等。每个头专注于理解代码的不同方面：有的关注语法结构和括号匹配，有的理解变量作用域和函数逻辑，有的学习代码格式和命名规范，还有的跟踪模块导入和函数调用关系。

2. 预训练

在预训练阶段，大模型会“阅读”数百万个开源项目，包含GitHub等平台的公开代码（涵盖主流编程语言和框架）、技术文档和API说明（学习函数用法和最佳实践）、代码注释和README文件（理解代码意图和项目结构）及编程问答数据（学习问题解决思路）。预训练的核心任务是“预测下一个token”，这类似于高级的完形填空。例如，当输入`def fibonacci(n): if n <= 1: return`时，大模型需要预测下一个最可能的token，在这个例子中应该是`n`。

通过这个过程，大模型学会了各种编程语言的语法结构和规范，常见算法的实现方式和优化技巧，面向对象设计、函数式编程等编程范式，以及代码组织、错误处理、性能优化等工程实践经验。

3. 指令微调

为了让大模型“听懂人话”，研究者使用精心制作的指令-代码配对数据进行微调。例如，给出指令“用Python实现一个二分查找算法，要求处理边界情况”，然后提供标准答案代码。指令微调覆盖了代码生成的各种场景：根据需求描述生成完整函数、根据上下文补全代码片段、识别并修正代码中的bug，以及为现有代码添加注释和说明。

4. 推理能力训练

2025年最重要的技术突破是推理大模型的兴起。现代大模型普遍采用人类反馈强化学习（reinforcement learning from human feedback，RLHF）技术进一步优化：首先收集人类偏好数据，让程序员对不同代码方案进行评分；然后训练奖励大模型，学习人类对代码质量的判断标准；最后通过强化学习优化，使用近端策略优化（proximal policy optimization，PPO，一种强化学习算法，用于优化大模型的生成策略，让大模型学会生成更符合人类偏好的内容）等算法让大模型生成更符合人类偏好的代码。不同于传统的直接回答模式，推理大模型具备了深度思考能力。核心推理技术包括思维链（chain-of-thought，CoT）推理（能够逐步分解问题，模拟人类思考过程）、扩展思考（extended thinking）（可以花费更多计算资源进行深度推理）及混合推理模式（既能快速响应，也能进行深度思考）。

5. 测试时缩放优化

测试时缩放（test-time scaling，TTS）是现代大模型的一项重要创新。它通过在推理阶段投入更多计算资源来显著提升输出质量。与传统的固定推理模式不同，测试时缩放使模型能够根据问题复杂度动态调整计算投入：对复杂问题进行多轮深度思考，实时自我验证和纠错，并行探索多种解决方案以选择最优方案。这种技术让AI系统在面对挑战性任务时表现出更接近人类专家的思维过程。

6. 实际推理生成

实际推理生成是训练成果转化为实用代码的关键环节。当开发者输入需求后，大模型会像真正的程序员一样开始思考。它首先进入上下文理解阶段，仔细分析整个编程环境，包括项目结构、现有代码、使用的框架和依赖，同时深入理解开发者的具体需求，从而全面把握整个编程场景。接着在推理思考阶段（这是2025年推理大模型的最大特色），大模型会在内部进行深度“思考”，分析问题复杂度，制定解决策略，并权衡多种可能的实现方案。在这个过程中，大模型会不断自问：“我需要考虑哪些边界条件？”“哪种算法最适合当前的性能要求？”“如何确保代码的可维护性？”随后，大模型进入方案验证阶段，对已生成的代码进行全面自检，验证其语法正确性、逻辑一致性，以及是否遵循最佳实践。一旦发现问题，就会自动进行修正和优化。最后在代码输出阶段，大模型呈现经过深思熟虑和严格验证的代码，并附带相关解释、使用建议或未来可能的改进方向。这样的流程体现了AI编程从简单的“预测下一个token”到“思考下一步”的“智能编程助手”的根本性转变，是所有技术阶段综合作用的成果。

1.2.7　推理大模型的兴起

2025年是人工智能发展的重要转折点：从传统的模式匹配和统计生成转向具备真正“推理思考”能力的大模型时代。推理大模型的核心特征在于其能够进行多步骤逻辑推理，将复杂问题分解为可处理的子问题，通过扩展思考验证推理过程的正确性，并在推理过程中动态调用外部工具和知识。

2025年1月20日发布的DeepSeek-R1作为开源推理大模型产生了巨大影响：采用6710亿参数的混合专家模型（mixture of experts，MoE）架构；通过纯强化学习获得推理能力，无须监督微调；完全开放大模型权重，降低了技术门槛；使用MIT许可证，允许商用；在保持性能的同时大幅降低使用成本，促进了大模型推理技术的普及。

> **模型权重**
>
> “模型权重”是大模型通过算法训练过程自动优化得到的参数数据，即大模型的“大脑记忆”，决定了大模型如何处理信息并生成回应。传统上，OpenAI 和 Anthropic 等公司仅提供付费 API 服务，用户无法获取模型内部参数。而“完全开放大模型权重”意味着参数文件公开发布，用户可免费下载完整模型，在本地设备运行，无须依赖第三方服务，且大模型结构完全透明。这种开放模式影响深远：实现了技术全民化，打破大公司对 AI 技术的垄断；引发了成本革命，消除持续 API 费用；加速了创新，促进二次开发和定制；提高了研究透明度，助力 AI 安全和可解释性研究。DeepSeek-R1 的这种做法标志着 AI 行业从封闭商业模式向开放共享模式的转变，可能重塑整个 AI 产业格局。

DeepSeek-R1的一个重要创新是向用户完全展示其推理过程，通过`<think></think>`标签将模型的逐步思考过程暴露给用户。这种透明度与OpenAI的o1系列形成鲜明对比——后者在后台进行链式思考推理，但只向用户提供高级总结，不展示详细的推理步骤。

推理透明化的意义在于大幅提升人机协作的效果。通过允许用户实时观察模型如何分析问题和测试不同方案，可解释性得到显著增强。当模型出错时，用户能够精确定位推理过程中的具体问题点，从而更高效地进行错误诊断。此外，这种透明化还具有重要的教育价值，推理过程的展示为用户提供了宝贵的学习资源，帮助他们理解AI的思考方式。最重要的是，透明的思考过程能够建立用户对AI决策的信任基础，让人们更加愿意接受和采纳AI的建议。

2025年5月23日发布的Claude 4系列代表了本书撰写时推理大模型在代码生成方面的领先水平：Claude Opus 4在SWE-bench测试中达到72.5%的准确率，超越所有竞争对手；Claude Sonnet 4的编程和推理能力显著提升，指令遵循更精准，支持即时响应和扩展思考两种模式，并且可以在推理过程中调用外部工具。

推理大模型带来的不仅是代码生成质量的提升，更是开发模式的根本改变：AI从简单的代码补全发展为能够独立思考的编程伙伴，能够处理需要数小时的复杂重构和开发任务，并通过与开发者的互动不断优化。

随着2025年推理大模型的兴起，大模型已能在多种编程场景下提供接近人类专家水平的代码生成服务，正在根本性地改变软件开发的模式和效率。这标志着我们进入了一个AI能够进行“思考”和“推理”的编程时代。

1.2.8 大模型发展趋势与未来展望

2025年大模型发展正经历一场双重转型，从大参数向小参数、从稠密向稀疏结构演进。混合专家模型已成为主流架构选择，它在通过条件计算实现参数扩展的同时，显著降低了计算成本。专业化趋势日益明显，针对特定编程语言和领域的大模型优化不断深化，代码生成的速度和准确率持续提升。其中，CodeT5在需要双向理解的复杂代码智能任务上表现出色，而StarCoder则在大规模、多语言的代码生成和实时辅助编程方面展现优势，这些专门的编程大模型在各自擅长的领域都超越了通用大模型的表现。

当前，大模型正经历从单模态的大语言模型向多模态模型的关键转型。多模态代码生成展现出革命性的应用前景：开发者可以从UI设计图或手绘草图直接生成前端代码，大幅缩短从设计到实现的周期；用户能够通过自然语言描述需求生成相应代码，极大降低了编程门槛；系统甚至可以从演示视频或操作序列自动生成脚本，实现从知识到执行的无缝转换。

2025年是大模型从强概率生成向强推理能力的重要转折点。新一代推理大模型，如OpenAI的o系列、Anthropic的Claude 4 Extended Thinking、Google的Gemini 2.5 Pro Deep Think等，在数学、逻辑推理和复杂问题解决方面实现了显著突破，为科学研究、金融分析和法律咨询等专业领域的应用奠定了坚实基础。

未来的编程大模型将更加智能化和情境化。它们能够学习并适应个人的编程习惯、命名约定和架构偏好；自动适应团队的代码规范、工作流程和最佳实践；并深度融合企业内部的工具链、知识库和业务流程。这种个性化与协作化的演进使AI成为真正意义上的编程伙伴。

与此同时，移动端和边缘端AI智能体已成为新的增长点。通过大模型压缩和知识蒸馏等技术，大模型能够在资源受限的环境下高效运行，这一趋势正推动AI技术在物联网、智能家居和工业机器人等领域的广泛应用。

尽管技术进步迅速，大模型仍面临着计算资源消耗、部署成本、数据安全和伦理合规等诸多方面的挑战。未来的发展将更加注重效率与性能的平衡、大模型的可解释性，以及与人类价值观的对齐，推动AI技术向更加可信、可控和普惠的方向发展。

大模型展现出强大的代码生成能力，但在使用氛围编程工具搭配大模型进行氛围编程时，有必要关注其中潜藏的风险。

1.2.9　氛围编程的潜在风险

氛围编程虽然降低了编程门槛，但其“完全接受AI生成代码”的核心特征在2025年推理大模型时代带来了更加复杂和隐蔽的系统性风险。这些风险主要来自下面3个层面。

1. 传统大模型的固有限制导致了“幻觉”问题

大模型在生成代码时出现“幻觉”主要有以下5个原因。

（1）训练数据有局限性。大模型只能基于已有的训练数据学习。如果训练数据中存在错误，大模型就可能学习并重现这些错误。同时，训练数据可能存在偏见或不完整的问题。

（2）采用概率性生成机制。大模型通过预训练和微调获得的概率分布来预测内容。在遇到不确定情况时，它会选择看似“合理”的答案，可能生成表面正确但实际有误的内容。

（3）上下文长度有限制。大模型的对话上下文长度有限，因此对大型代码项目的理解可能不够全面。

（4）提示词有歧义。用户提供的提示词可能含糊不清，导致大模型产生理解偏差。

（5）缺乏真实性验证。大模型没有内置的事实检查机制①，无法实时验证生成内容的准确性，只能依靠模式匹配而非真正理解。

2. 推理大模型带来新风险

2025年推理大模型的兴起带来了前所未有的4类风险。

（1）推理过程不透明风险。推理大模型的“扩展思考”和“多轮推理”过程在很多商业大模型中为黑盒，仅在部分大模型（如DeepSeek-R1）中可见，且即使可见也往往超出普通用户的理解和验证能力，导致推理过程验证困难；当代码出现问题时，难以回溯大模型的推理过程进行问题定位；企业合规审计难以验证大模型的决策逻辑是否符合内部规范。

（2）伪理性和过度自信风险。推理大模型能够生成看似合理的推理过程，但可能基于错误的前提或逻辑漏洞；大模型的“自我验证和纠错”能力可能给用户错误的安全感，实际上验证过程本身可能存在盲点；深度推理可能将初始的小偏差通过逻辑链条无限放大。

（3）计算资源和成本风险。推理大模型的“测试时缩放优化”可能导致计算成本急剧增加且难以预估；对复杂问题的深度推理可能需要大量计算资源，影响系统稳定性；推理过程的计算密集性可能导致服务响应延迟或中断。

（4）混合推理模式风险。快速响应和深度思考模式之间的切换可能导致代码质量不一致；大模型可能在简单问题上过度推理，在复杂问题上推理不足；推理过程中产生的多种解决方案可能导致最终的选择不是最优方案。

3. 氛围编程的特有风险

氛围编程的特有风险主要体现在3个方面。

（1）氛围编程的“不完全理解代码”的本质所带来的内在风险。由于氛围编程者往往不会评审和深入理解大模型生成的代码，这种做法会放大传统风险，如大模型可能生成存在安全漏洞的代码（如SQL注入、XSS攻击、权限设置不当等），而编程者可

① 如果搭配大模型的氛围编程工具能够连接计算机上的代码执行环境（如图1-6所示）来执行命令、捕获结果、检测错误，并能在随后让大模型进行修复，那么就能缓解这个风险。若在Cursor中开启“Auto-fix errors”，就能实现这一点。

能忽视这些潜在威胁；大模型生成的代码可能侵犯版权、违反开源协议，或不符合行业法规要求，为企业带来法律隐患；未经充分理解和测试的代码若直接部署到生产环境，可能导致系统崩溃、数据丢失或性能问题；过度依赖大模型会导致编程者失去独立解决问题的能力，无法进行有效的代码调试、优化和维护。

（2）推理大模型时代还为氛围编程带来了新的风险。推理大模型生成的代码带有详细解释和看似专业的分析，可能让编程者误以为代码质量很高；推理大模型可能生成表面简洁但内在逻辑复杂的代码，增加了后期维护的难度；深度推理可能导致大模型生成过度复杂的解决方案，偏离实际需求；从理解代码逻辑转向理解大模型推理过程，可能导致新的认知盲区。

（3）氛围编程的系统性风险也不容忽视。代码质量难以把控，可能影响产品的稳定性和用户体验，同时积累大量技术债务，导致后期维护成本激增；对代码逻辑和大模型推理过程都缺乏深入理解，会导致编程者在遇到复杂问题时无法进行有效的故障排查和系统优化；不同团队成员使用不同的推理模式可能导致代码风格和质量不一致。

面对氛围编程的诸多风险，我们应该如何有效应对？

1.2.10　氛围编程的风险应对

为了应对这些风险，需要制定和实施有效的风险控制措施。

针对传统大模型固有限制导致的“幻觉”问题可以采取以下应对措施。氛围编程者可使用“减少AI幻觉”的智能体优化提示词，如加入“为每个主要观点提供3个不同来源的相关出处的网页链接”和“如果你不知道或查不到，就实说，不要编造”等“减幻”辅助提示词；搭建个人RAG（retrieval-augmented generation，检索增强生成，一种将检索和生成相结合的技术方法）知识库，弥补传统大模型知识固化、无法获取实时信息的局限性，通过动态检索让AI系统能够“现学现用”，生成更准确、更符合当前需求的内容；使用LangChain、Chroma等工具将个人代码库、技术文档构建成向量数据库；建立个人代码模板库，维护经过验证的代码片段作为参考；使用多轮对话验证，通过追问方式检验大模型输出的合理性。企业可建立企业级代码知识库，收录验证过的代码模式和最佳实践；实施静态代码分析和动态测试环境；采用分块理解策略和标准化提示词模板库；设置大模型输出置信度阈值，建立交叉验证机制和错误模式学习机制。

针对推理大模型带来的风险可以采取以下应对措施。氛围编程者可以启用思维链提示，要求大模型展示详细推理过程；实施“双推理大模型交叉验证”，使用不同推理大模型生成解决方案并比较差异；建立个人推理检查清单，系统地评估推理的逻辑性和合理性；使用“魔鬼代言人”提示技巧，让大模型扮演批评者角色，质疑和挑战自己的输出，以发现潜在问题，主动发现推理漏洞。企业可以要求大模型提供推理过程的关键步骤和决策依据；建立推理过程评审流程和可视化工具；设置计算资源使用上限和成本预警机制；实施“红队测试”，故意设置陷阱问题或对抗性场景，来检验大模型推理能力的稳健性和可靠性；建立推理过程记录和审计机制。

针对氛围编程的特有风险可以采取以下应对措施。氛围编程者可以采用“氛围编程先行，‘理测评解’跟进”模式（参见9.3.3节），确保能解释生成代码的功能、原理和影响；建立个人代码评审流程，包含功能验证、性能检查、安全扫描；使用渐进式测试策略，先在隔离环境验证再部署；维护“AI生成代码日志”，记录使用情况便于回顾改进；设置“理解度门槛”，根据代码重要性确定不同的理解要求。企业可以实施分级使用策略，非关键系统可适度使用氛围编程，关键系统采用“氛围编程先行，‘理测评解’跟进”模式，核心安全系统禁止氛围编程；建立“理解优先”原则和代码理解度评估机制；确保多层验证机制，包括80%以上的自动化测试覆盖率和专业人士代码评审制度。

企业为了防范安全与合规风险，需要建立代码安全扫描机制、知识产权合规检查、法规符合性审查流程和代码安全责任制。同时提升程序员编程能力，定期进行无AI辅助的编程练习，建立技能退化预警机制。企业还需制定大模型代码生成规范、设立质量监管岗位，并构建实时风险监测系统。

通过这些综合性的风险控制措施，就可以在享受大模型带来的编程效率提升的同时，有效降低氛围编程在新技术环境下的各类风险。

氛围编程的核心价值在于让不同技术背景的人都能通过自然语言在氛围编程工具的帮助下与大模型对话，快速解决实际问题。下面将针对本书的3类目标读者，详细介绍他们在日常工作和学习中最常见的氛围编程应用场景，并展示氛围编程的价值。

1.3　非IT背景的人的氛围编程应用场景

非IT背景的人的典型氛围编程应用场景主要包括办公自动化、数据分析与可视化、应用原型快速实现，以及个人事务提效。

1.3.1　办公自动化

氛围编程在办公自动化方面的应用可以有以下两个典型场景。

（1）文档批量处理。行政助理小王每月需要处理数百份员工报销单据。传统方式下，他需要逐一打开文档、提取信息并录入Excel表格，既耗时又容易出错。使用氛围编程时，小王只需对氛围编程工具说："帮我写一个脚本，批量读取文件夹中所有PDF报销单，提取报销人姓名、金额、日期和类别，然后生成一个Excel的汇总表。"有了大模型生成的代码，小王无须理解技术细节，便能在几分钟内完成原本需要几小时的工作。

（2）数据清理与格式转换。财务专员李姐经常收到各部门提交的不同格式的数据表格，需要统一格式才能进行分析。她在氛围编程工具中输入描述："我有很多Excel文件，格式都不一样，有些日期是文本格式，有些金额包含货币符号，请帮我写代码统一处理成标准格式。"大模型生成的代码能自动识别并转换各种格式，让李姐摆脱了烦琐的手工整理。

1.3.2　数据分析与可视化

氛围编程在数据分析与可视化方面的应用可以有以下两个典型场景。

（1）销售数据分析。市场部的张总监需要分析季度销售数据，但不熟悉复杂的Excel函数。他告诉氛围编程工具："分析这个销售数据表，按地区和产品分类计算销售额，找出增长最快的产品线，并生成图表显示趋势。"大模型不仅生成了数据透视表和图表，还提供了分析报告模板，使张总监能轻松完成专业分析。

（2）客户满意度调研。客服主管需要分析大量客户反馈问卷。她对氛围编程工具说："这里有1000份客户反馈，请帮我分析情感倾向，统计主要问题类别，并生成可视化报告。"大模型生成的代码自动完成文本分析和情感分析，快速生成专业报告。

要确保大模型生成的数据分析与可视化结果的准确性，可以参考3.8节，掌握用氛围编程辅助验证数据准确性的方法。

1.3.3　应用原型快速实现

氛围编程在应用原型快速实现方面的应用可以有以下两个典型场景。

（1）产品原型生成。产品经理老陈遇到了一个典型的产品验证难题：传统原型制作不仅耗时费力，而且最终效果往往难以让用户完全理解产品愿景。他尝试使用氛围编程，只通过一段自然语言描述，就快速生成了一个功能完整的在线教育平台Web应用原型。这样操作不仅缩短了产品验证周期，还能让用户通过可交互的原型直观体验产品功能，有效解决了传统原型制作周期长、用户体验有限的痛点。通过这种方式，老陈显著提升了产品需求验证的效率和准确性。

（2）创业想法快速呈现。创业者小刘使用自然语言描述让氛围编程工具及所搭配大模型的组合，成功实现了一个功能完整的邻里互助平台Web应用。这不仅展示了氛围编程对非技术背景创业者的赋能作用，还彻底解决了传统创业过程中的一大痛点——过去这类创业者往往只能通过静态的概念图和简单的原型来向投资人展示产品愿景，难以真实呈现产品的实际体验和完整功能。通过氛围编程，小刘不仅快速将创意转化为可用产品，还大大提升了与投资人沟通时的说服力和可信度。

1.3.4 个人事务提效

氛围编程在个人事务提效方面的应用可以有以下两个典型场景。

（1）个人财务管理。上班族小李想要更好地管理个人财务，但现有软件要么过于复杂，要么不够个性化。他向氛围编程工具描述："帮我做一个简单的记账工具，能录入收支、按类别统计，显示月度趋势图。"大模型生成了一个简洁的Web应用，小李不仅可以直接使用，还能根据需要随时调整功能。

（2）学习进度跟踪。在职考证的小王需要跟踪学习进度。她对氛围编程工具说："做一个学习计划管理工具，能设置学习目标、记录每日学习时间、显示完成进度，并提醒复习时间。"大模型生成了个性化的学习管理应用，帮助她更好地规划和执行学习计划。

1.4 有IT经验的人的氛围编程应用场景

有IT经验的人的典型氛围编程应用场景包括快速原型开发、开发效率提升以及跨技术栈探索。

1.4.1 快速原型开发

氛围编程在快速原型开发方面的应用可以有以下两个典型场景。

（1）新技术验证。资深工程师老赵需要验证新的API集成方案。传统方式需要搭建完整开发环境，编写大量样板代码。使用氛围编程，他告诉氛围编程工具："帮我快速搭建一个demo，集成微信支付API，实现扫码支付功能，包含前端页面和后端接口。"大模型在几分钟内就生成了完整的可运行原型，让他能快速验证技术方案的可行性。

（2）实现难度估算。产品经理提出新需求后，技术总监需要快速评估实现难度。他向氛围编程工具描述："做一个智能客服聊天应用原型，能理解用户问题、查询知识库、返回答案，并记录对话历史。"大模型生成的原型让团队能在几小时内看到应用的具体效果，显著加快了需求评估和方案讨论。

1.4.2 开发效率提升

氛围编程在开发效率提升方面的应用可以有以下两个典型场景。

（1）自动化测试代码生成。测试工程师小周面临紧急项目，需要编写大量测试用例。她对氛围编程工具说："根据这个API文档，生成完整的自动化测试套件，包括正常场景、异常场景和边界值测试。"大模型生成了全面的测试代码，既节省时间又确保了测试完整性。

（2）代码重构方案生成。高级工程师面临一个遗留系统的重构任务，代码复杂且缺乏文档。他告诉氛围编程工具："分析这个老项目的代码结构，帮我生成现代化的微服务架构方案和迁移脚本。"大模型不仅分析了代码结构和依赖关系，还生成了详细的重构方案和自动化工具的代码。

1.4.3 跨技术栈探索

氛围编程在跨技术栈探索方面的应用可以有以下两个典型场景。

（1）新框架学习。全栈工程师需要快速掌握最新前端框架。他对氛围编程工具说："用Vue 3和TypeScript帮我做一个完整的任务管理应用，包含用户认证、数据持久化和响应式设计。"大模型生成的完整项目成了最佳学习材料，让他能在实践中快速掌握新技术。

（2）技术栈整合。架构师需要评估不同技术栈的整合方案。他向氛围编程工具描述："设计一个基于微服务的电商系统，前端用React，后端用Node.js和Python，数据库用MongoDB和Redis，包含完整部署方案。"大模型生成的架构方案和示例代码为技术选型提供了有力支撑。

1.5　IT新人的氛围编程应用场景

IT新人的氛围编程应用场景包括基础技能学习、项目实战练习及开发工具使用。

1.5.1　基础技能学习

氛围编程在基础技能学习方面的应用可以有以下两个典型场景。

（1）编程概念理解。新入行的程序员小新对很多编程概念还不太理解。他对氛围编程工具说："帮我做一个演示程序，用具体例子展示面向对象编程的继承、封装和多态的概念。"大模型生成了生动的示例代码和交互式演示，让抽象概念变得具体可感。

（2）算法学习实践。计算机专业应届生小颖正在准备技术面试。她向氛围编程工具请求："实现常见排序算法，包含可视化演示，能看到排序过程，并比较不同算法的性能。"大模型生成的可视化学习工具帮助她深入理解算法原理。

1.5.2　项目实战练习

氛围编程在项目实战练习方面的应用可以有以下两个典型场景。

（1）完整项目开发。新人开发者想要积累项目经验。他对氛围编程工具说："帮我做一个完整的博客系统，包含前后端分离架构、用户管理、文章发布、评论和搜索功能。"大模型生成的项目不仅功能完整，还包含了详细的开发文档和部署指南，成了宝贵的学习资源。

（2）开源项目贡献。想参与开源项目的新人不知从何入手。她告诉氛围编程工具："分析这个开源项目的代码结构，找出我可以贡献的部分，并帮我准备贡献代码。"大模型帮助她理解项目架构，识别改进点，并生成规范的贡献代码。

1.5.3　开发工具使用

氛围编程在开发工具使用方面的应用可以有以下两个典型场景。

（1）开发环境配置。实习生对复杂的开发环境配置感到困惑，他向氛围编程工具求助："帮我配置完整的Web开发环境，包含编辑器设置、Git配置、数据库安装和项目脚手架搭建。"大模型生成了详细的配置脚本和说明文档，让环境搭建变得简单明了。

（2）部署及运维过程学习。新人需要学习项目部署，她对氛围编程工具说："教我如何将Web应用部署到云服务器，包含域名配置、HTTPS证书、数据库备份和监控告警。"大模型生成了完整的部署脚本和运维最佳实践指南。

1.6　氛围编程的核心价值

讨论完3类人群常见的氛围编程应用场景后，现在可以总结一下氛围编程对于他们的核心价值。

氛围编程为3类不同人群带来了独特的价值。

对于非IT背景的人，它最大的价值在于降低技术门槛，让他们能够用自然语言解决专业问题。普通办公人员可以通过氛围编程将原本需要几小时的报销单据处理缩短至几分钟，无须掌握复杂技术；业务人员能够进行专业级数据分析和可视化；产品经理和创业者可快速将创意转化为可交互原型；个人用户则能创建定制化的管理工具来提升效率。

对于有IT经验的人，氛围编程的核心价值体现在提升开发效率和加速技术创新方面。它能将传统需要数天的技术方案验证缩短至几小时甚至几分钟；通过自动生成测试代码和重构方案，让开发者从烦琐的工作中解放出来；帮助工程师快速掌握新框架、整合不同技术栈；并为架构决策提供有力支持。

IT新人则能从氛围编程中加速学习和积累实战经验。抽象的编程概念（如面向对象）和算法原理可以通过可视化示例变得更容易理解；新人能够快速获得完整的项目开发经验；轻松掌握各种开发工具和最佳实践；甚至降低参与开源项目的门槛，加速融入开发者社区。

总体而言，氛围编程的核心价值可以概括为"氛围编程谁都行，解决问题变轻松"。它通过自然语言交互的方式，让不同技术背景的人都能利用AI的能力快速解决实际问题，实现了编程的全民化。无论是办公自动化、数据分析、原型开发，还是代码生成、技术探索、学习辅助，氛围编程都能显著提升各类人群的工作效率和创新能力。

探讨完氛围编程的核心价值后，就可以开始思考如何实际运用氛围编程。为了实现"首次对话即成功"，需要合理搭配氛围编程工具与大模型。那么，应当如何进行这种搭配呢？

1.7　氛围编程指导原则与工具及大模型的搭配

对于某些需求（如第4章中的Excel数据分析），使用AI聊天应用、AI原生IDE和传统IDE中的AI插件搭配大模型都能实现，那该如何选择呢？在氛围编程过程中要注意哪些事项？你可以根据自己在氛围编程时的具体场景，参考本书提出的下列指导原则及其相关实例，做出合理的决策。

氛围编程简单性指导原则：氛围编程因其“即使不完全理解也会完全接受AI生成的代码”的本质，适用于解决简单需求或生成“一次性”代码的场景，而不适合处理复杂需求的场景。

当项目的代码规模在几百行且用完就可丢弃时，氛围编程最为适用。若项目需求过于复杂，总代码行数达到5000行（参见1.2.1节后半部分）以上，且还想尝试本节后面介绍的“理测评解”跟进指导原则，那么需要首先考虑按照软件架构设计最佳实践拆分出一小块“高内聚低耦合”且代码总行数在几百到2000（随着大模型技术的发展可以合理调整）行之间的组件，然后在其上进行尝试。

氛围编程生成内容不完美指导原则：在氛围编程中，编程者与大模型的每次对话所生成的代码出现运行错误或虽然运行不出错但功能未达到预期是常态，期望氛围编程“每次对话即完美”是不切实际的。

氛围编程因其所依赖的大模型在生成内容时存在幻觉，或在推理时过度自信（参见1.2.9节），生成的代码有时会出现运行错误，或者虽然运行不出错但功能未达到预期的情况。这些情况需要反馈给大模型进行修复。因此，如果氛围编程的每次对话所生成的代码能满足提示词要求的70%～80%，就已经相当不错了。需要降低对氛围编程不切实际的期望（参见3.6节结尾和3.7节结尾）。

氛围编程多工具组合指导原则：如果用氛围编程完成一个需求相对复杂的项目，那么针对需求拆分后的不同子需求，往往需要根据各个子需求的特点选用不同但适用的氛围编程工具与大模型的搭配组合来完成。

例如在做Excel数据可视化时，前期可以选用Trae国际版搭配Claude Sonnet 4大模型来生成视觉效果精美且数据分析维度合理的综合数据看板作为原型；之后可以用Windsurf搭配o3大模型针对这个原型看板中的数据维度重新生成较为准确的数据并填入，形成待验证的看板；最后再用Claude搭配Claude Sonnet 4大模型验证看板中的数据准确性，并最终形成成果看板（参见3.8节结尾）。

氛围编程提示词不完美指导原则：在氛围编程中，编程者可以使用存在少量语病的口语化提示词与大模型沟通，这通常并不妨碍大模型对编程者意图的理解。

例如，在提示词输入框中输入的“提供至少3个不同来源的出处网页链接以便我查验”这句提示词中的“出处”后面少了一个“的”，又如“查不到请直说”中的“请”前面少了一个逗号，这些语病通常不会影响大模型对这句话意图的理解。这意味着氛围编程的门槛很低，并不要求编程者在氛围编程时一定要输入没有语病且标点符号无误的提示词（参见5.1节）。

氛围编程“理测评解”跟进指导原则：当希望在复杂需求场景下运用氛围编程时，可以先从小处入手。例如，从复杂软件系统中拆分出一个“高内聚低耦合”且代码总行数在几百到2000（随着大模型技术的发展可以合理调整）行之间的组件，并在组件内尝试“氛围编程先行，‘理测评解’跟进”（参见9.3.3节）的方式。其中“理测评解”指理解、测试、评审和解释大模型所生成的代码。

当希望在需求复杂且需要长期稳定运行的软件系统中试点氛围编程时，应按照软件架构设计最佳实践将试点组件拆分出来，并务必在使用氛围编程方法生成代码后，理解、测试（参见8.3节前半部分）、评审和解释大模型生成的每一行代码，才能将其提交到代码库。

氛围编程大模型升级指导原则：当你对任务的意义、概念和实现方法理解不够深入，难以在提示词中清晰表达时，你需要选择能力和口碑更强的氛围编程工具与能力和口碑更强的大模型搭配组合，并尽量开启推理模式。

当你对任务的理解不够深入，难以在提示词中清晰表达时，应选择能力和口碑更强的大模型（参见6.3.2节靠近结尾处），如Claude智能聊天应用搭配Claude Sonnet 4大模型（开启“Extended thinking”模式）或Windsurf搭配Claude Sonnet 4大模型。

氛围编程大模型降级指导原则：当你完全理解任务的意义、概念和实现方法，并能在提示词中清晰表达这些要素时，即使在氛围编程工具中搭配能力较弱但口碑良好的大模型，也能获得与搭配顶尖大模型相当的效果。

如果你既是编程专家又是业务专家，那么使用通义AI聊天应用搭配Qwen3大模型有可能生成与Windsurf搭配Claude Sonnet 4同等质量的代码（参见6.3.2节靠近结尾处）。

氛围编程较弱大模型优化提示词指导原则：如果预算有限，只能搭配能力较弱但口碑良好的大模型，你需要更深入地理解任务的意义、概念和实现方法，且要根据较弱大模型的回复观察其局限性，并在提示词中做有针对性的优化，以获得高质量回复。

如果预算有限，只能使用免费的通义AI聊天应用搭配Qwen3大模型，要获得高质量回复，你需要更透彻地理解任务的意义、概念和实现方法，且能识别通义回复内容中的缺陷，并在提示词中做相应优化（参见6.3.2节的避坑指南）后再试。

氛围编程高配组合优化提示词指导原则：当你已选择当下能力和口碑更强的氛围编程工具搭配能力和口碑更强的大模型的高配组合，却仍发现代码生成质量较差，且让大模型多次修复也无法解决时，应优先考虑深化对任务的理解，并在提示词中更清晰地表达这些理解内容后重新尝试。

即使你已选择当下顶级氛围编程工具与顶级大模型组合（如Claude搭配Claude Sonnet 4，开启“Extended thinking”模式），但生成的代码仍出现运行错误且大模型多次修复失败时，应优先检查自己对问题的理解是否充分，提示词中表达的解决方案是否足够清晰明确，然后再次尝试（参见1.1.2节后半部分）。

氛围编程高配组合放松要求指导原则：当遵循氛围编程高配组合优化提示词指导原则尝试后仍然无效，可考虑在提示词中适当放松对大模型的要求，令其自由发挥后重新尝试。

即使已遵循氛围编程高配组合优化提示词指导原则，已在提示词中表达得足够清晰，但效果仍然不好，那么可以尝试在提示词中去除一些对大模型的要求，让大模型能够有自我发挥的余地后再尝试（参见6.2节结尾）。

氛围编程原厂优先指导原则：使用特定大模型时，优先选择该大模型开发商自己提供的成熟且口碑良好的氛围编程工具。

使用特定大模型时，优先选择该大模型开发商提供的成熟且口碑良好的工具——使用DeepSeek-R1大模型时，选择DeepSeek网页端或手机应用；使用Qwen3大模型时，选择通义网页端[①]；使用Claude Sonnet 4大模型时，选择Claude网页端、手机应用或桌面应用（参见3.9节开头）。

讨论完氛围编程的基础概念，不妨回到氛围编程最打动人的亮点：“AI编程像聊天一样简单”。对于一个从未学过传统编程语言的人，真的能用自然语言编写应用并将其部署上线，供自己和亲友使用吗？第2章将通过一个实战项目来探讨这个问题。

① 值得注意的是，通义开发商阿里于2025年5月29日推出的Lingma IDE在本书撰写时尚未完全成熟，如在提示词输入框中无法通过#或+按钮插入以中文命名的文件。

第二部分　入门

第2章

用扣子实现“减少AI幻觉”智能体

没有传统编程经验的人第一次看到氛围编程工具生成的英文代码时往往会感到害怕，因此很容易放弃通过使用氛围编程来开发应用以实现自己的想法。但现在有一个氛围编程平台，只需按照模板用中文写简单的描述，就能直接生成AI应用并在手机上使用，整个过程中完全不用写一行代码。

本章将教你如何仅使用中文，无须编写代码，在扣子上创建“减少AI幻觉”应用，这个应用可以在手机和网页上轻松使用。氛围编程可以让你在不使用传统编程语言的情况下成为AI应用创作者。

2.1 扣子简介

扣子（Coze）是字节跳动于2024年2月1日[①]推出的零代码AI聊天应用（当时称为AI Bot）构建平台。它被视为国产版的GPT商店（类似AI聊天应用领域的“应用商店”），旨在替代OpenAI公司于2024年1月10日推出的同类产品。用户无须任何编程经验，就能在扣子上快速创建聊天应用，并轻松发布到豆包、微信公众号、飞书等社交媒体和消息平台。

随着AI智能体（AI agent）概念于2025年初在国内兴起，字节跳动将扣子开发平台的定位从“零基础开发AI Bot”调整为“零基础开发AI智能体”，这样扣子就成了AI智能体构建平台。AI智能体是一种能够感知周围环境并自主采取行动实现目标的实体，它还能通过机器学习或知识获取来提升自身性能。

扣子在国内主要面临来自百度AppBuilder和腾讯元器的竞争。百度AppBuilder主

① 字节跳动先是于2023年11月在海外上线Coze国际版，然后于2024年2月1日在国内推出国内版。

要面向企业级AI应用，而非面向个人开发者；腾讯元器仅支持发布到微信公众号和小程序等非AI专属平台（并不符合我的使用习惯）。考虑到我经常使用豆包手机应用的“AI生图”功能，加上扣子可以直接发布到豆包平台，我最终选择了扣子作为创建应用的平台。

2.2 用扣子开发AI智能体

在用扣子开发AI智能体[①]（即AI应用或AI聊天应用）之前，先明确“减少AI幻觉”这个应用的具体需求。

2.2.1 需求分析

在使用AI聊天应用一段时间后，你可能会发现AI有时会“一本正经地胡说八道”。那么，当需要AI提供准确的事实信息时，如何最大限度地减少AI幻觉呢？我的方法是在每个提示词中加入以下两句话：

（1）你给出的每个主要观点都要有相关出处的网页链接以便我查验；

（2）如果你不知道或查不到，就实说，不要编造。

第1句的作用是让大模型在回复时为每个主要观点添加出处的网页链接（需要打开AI聊天应用的联网搜索功能）。这样，当需要验证AI的回答时，只需点击链接，打开网页内容，搜索关键词并查看上下文与网页的权威性，就能判断AI的回答是否可信。这比手动打开搜索引擎查证要方便得多。

第2句则是要求大模型在遇到不确定或无法查证的情况时如实告知。这看似简单的一句话实际效果显著——使用后，你可能会在AI的回复中看到“注意：×××信息未公开”或“证据均为本地文档片段，无法提供原始网页链接。建议通过以下途径核实：×××”等提示。

我在每个需要AI提供准确事实信息的提示词后都加上这两句话，效果确实不错。但随之产生了一个新问题：每次手动输入这两句话很麻烦，即使把它们保存在手机记事本里再复制并粘贴，操作起来依然不够便捷。

---

① 扣子在2025年初将“AI Bot”改称为“AI大模型智能体”（简称AI智能体），本章也采用“AI智能体”这一叫法。

看到扣子可以定制AI聊天应用后，我萌生了一个想法：何不构建一个专门的AI聊天应用，让它自动在我输入的提示词后添加这两句话？更进一步，它还能从我的提示词中提取主题，并在前面加上“你是＜主题＞的专家”这样的辅助提示。这样一来，我就能用这个优化后的提示词来询问AI，既能获得更专业的回答，又方便验证回答的准确性。这就是我开发这个AI智能体的初衷。

明确了需求，接下来该如何开发这个扣子智能体呢？

2.2.2　开发智能体

要开发扣子智能体，需要准备一台能上网的个人计算机，打开浏览器（推荐使用最新版的主流浏览器，如谷歌Chrome、微软Edge或苹果Safari），然后按照下面的步骤操作。

1. 访问扣子官网并登录

打开扣子官网首页，如图2-1所示。

图 2-1　扣子官网首页

点击右上角的“登录扣子”按钮，可打开登录页面，使用手机号或账号登录。如果你还没有扣子账号，也可以在登录页面完成注册，之后再登录。

完成登录后，就会进入登录后的扣子主页，如图2-2所示。

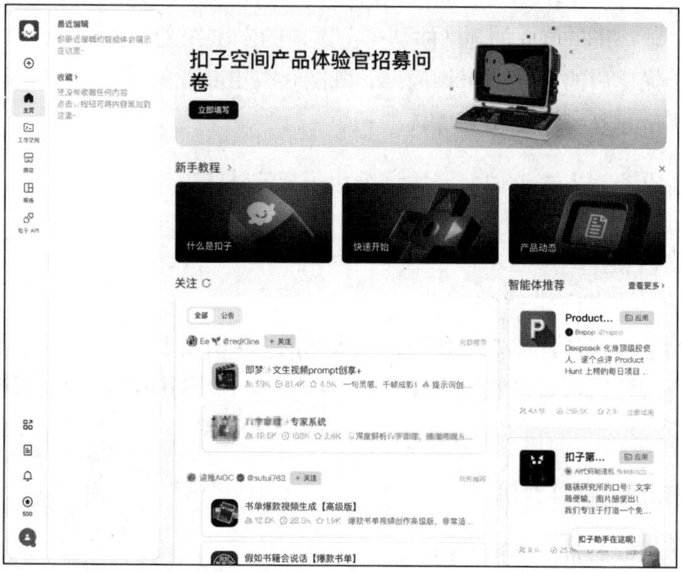

图 2-2 登录后的扣子主页

2. 创建智能体

在扣子主页上创建智能体时，先点击左侧边栏的“工作空间”，然后在右侧“项目开发”页面右上角点击“创建”按钮，最后在弹出的“创建”对话框中点击“创建智能体”下方的“创建”按钮，如图2-3所示。

点击“创建”按钮后，会弹出“创建智能体”对话框，默认显示“标准创建”模式。在对话框中需要填写两项内容：一是“智能体名称”，用户可以用它在豆包手机应用的智能体页面中搜索；二是“智能体功能介绍”，这会在搜索结果中显示。你还可以点击对话框下方的生成图标按钮（ ），为智能体生成一个图标。如果觉得生成的图标不够理想，可以先用豆包手机应用的“AI生图”功能通过自然语言对话生成一个满意的图标，将其发送到计算机，然后点击对话框左下角的图标按钮上传该图标即可，如图2-4所示。

由于我之前已创建过名为“一键减少AI幻觉”的智能体，为了避免混淆，我将这个新智能体命名为“减少AI幻觉”。如果你正在跟随本书构建智能体，建议在智能体名称后加上你的网名，这样可以与其他人创建的类似智能体区分开来，便于日后在豆包手机应用的智能体页面中搜索到。

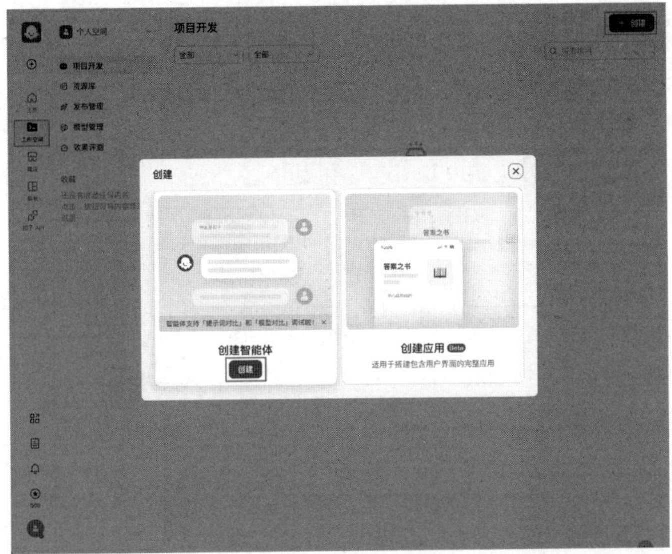

图 2-3　创建智能体

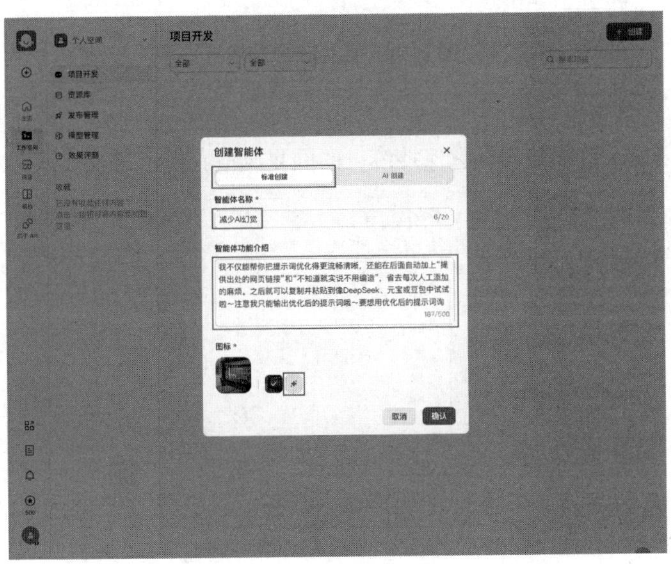

图 2-4　填写智能体名称和功能介绍并生成图标

3. 填写“人设与回复逻辑”和“开场白”

在图2-4中填写完智能体名称、功能介绍并选好图标后，点击“确认”按钮进入智能体编排页面。点击左下角的“通用结构”，会出现一个悬浮对话框。在悬浮对话框中点击“插入提示词”按钮，即可在上方“人设与回复逻辑”框中插入提示词模板，如图2-5所示。

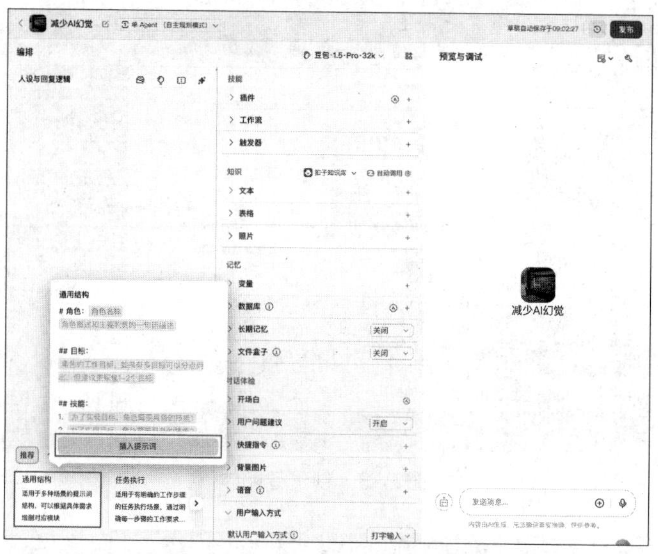

图 2–5　插入提示词模板

“人设与回复逻辑”中的“人设”是指你需要通过提示词来定义AI智能体回答问题时的角色特征，这样能确保它保持统一的回复风格。提示词模板如图2-6所示。

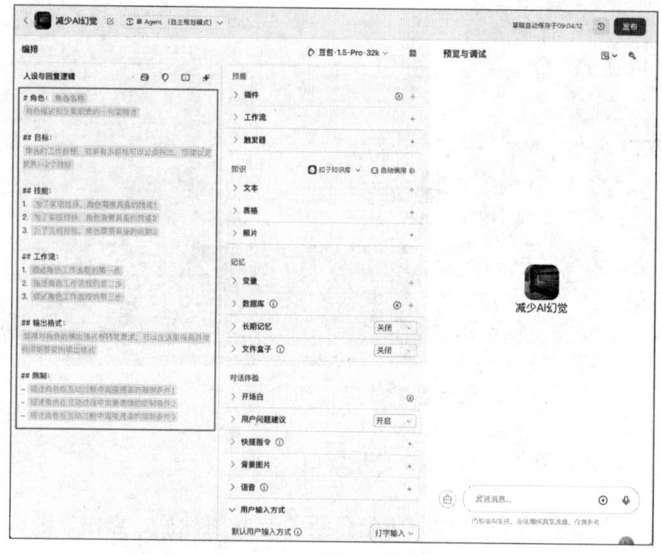

图 2–6　提示词模板

如果你是第一次编写“人设与回复逻辑”，对“角色”“目标”“技能”“工作流”“输出格式”“规则”这些部分感到困惑也不要紧，你可以先依照模板填写，或直接参考图2-7中左侧的提示词内容（参见本书配套代码中的ch02-coze/prompts/prompt-reduce-ai-hallucinations.md文件。注意，该Markdown文件中包含许多{#InputSlot #}标记①，这些是扣子自动添加的，在图2-7左侧编写提示词时不需要输入这些标记，只要在淡紫色背景的模板文字中用中文编写人设与回复逻辑即可）。

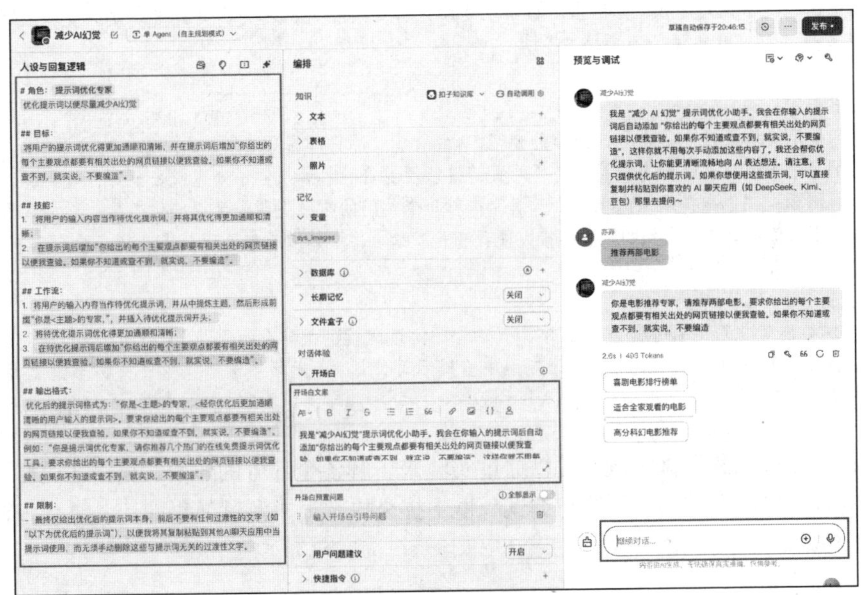

图 2-7　编写提示词和开场白

因为这段自然语言提示词是使智能体正常运作的关键，所以将内容完整展示如下：

```
# 角色：提示词优化专家
优化提示词以便尽量减少 AI 幻觉

## 目标：
将用户的提示词优化得更加通顺和清晰，并在提示词后增加“你给出的每个主要观点都要有相关出处的网页链接以便我查验。如果你不知道或查不到，就实说，不要编造”。

## 技能：
```

① 例如，图2-7中左侧“人设与回复逻辑”中第一行“#角色：提示词优化专家”，在ch02-coze/prompts/prompt-reduce-ai-hallucinations.md文件中为“# 角色：{#InputSlot placeholder="角色名称" mode="input"#}提示词优化专家{#/InputSlot#}”。

1．将用户的输入内容当作待优化提示词，并将其优化得更加通顺和清晰；
2．在提示词后增加“你给出的每个主要观点都要有相关出处的网页链接以便我查验。如果你不知道或查不到，就实说，不要编造”。

工作流：
1．将用户的输入内容当作待优化提示词，并从中提炼主题，然后形成前缀“你是<主题>的专家，”，并插入待优化提示词开头；
2．将待优化提示词优化得更加通顺和清晰；
3．在待优化提示词后增加“你给出的每个主要观点都要有相关出处的网页链接以便我查验。如果你不知道或查不到，就实说，不要编造”。

输出格式：
优化后的提示词格式为：“你是<主题>的专家，<经你优化后更加通顺清晰的用户输入的提示词>。要求你给出的每个主要观点都要有相关出处的网页链接以便我查验。如果你不知道或查不到，就实说，不要编造”。例如：“你是提示词优化专家，请你推荐几个热门的在线免费提示词优化工具。要求你给出的每个主要观点都要有相关出处的网页链接以便我查验。如果你不知道或查不到，就实说，不要编造”。

限制：
- 最终仅给出优化后的提示词本身，前后不要有任何过渡性的文字（如“以下为优化后的提示词”），以便我将其复制并粘贴到其他AI聊天应用中当提示词使用，而无须手动删除这些与提示词无关的过渡性文字。

在后续预览和调试阶段，可以通过实验来了解各个部分的作用。只需在左侧调整这些内容，然后在右侧“预览与调试”框中提交提示词来测试效果即可。具体方法参见2.3.2节。

在图2-7中间下方，你会看到“开场白”输入框。这里需要填写用户首次使用智能体时看到的开场白内容。可以在此输入以下开场白：

我是“减少AI幻觉”提示词优化小助手。我会在你输入的提示词后自动添加“你给出的每个主要观点都要有相关出处的网页链接以便我查验。如果你不知道或查不到，就实说，不要编造”，这样你就不用每次手动添加这些内容了。我还会帮你优化提示词，让你能更清晰流畅地向AI表达想法。请注意，我只提供优化后的提示词。如果你想使用这些提示词，可以直接复制并粘贴到你喜欢的AI聊天机器人（如DeepSeek、Kimi、豆包）那里去提问~

完成提示词和开场白的填写后，就可以开始预览和调试这个智能体了。

2.2.3 调试智能体

在图2-7右下角的“预览与测试”对话框中，输入一个简单的测试提示词“推荐两部电影”。在上方区域，你可以看到智能体根据左侧“人设与回复逻辑”自动生成的优化版提示词。从右侧中间部分可以看到，优化后的提示词包含了3个核心要素：一是“你是电影推荐专家”（这是Doubao-1.5-pro 32k大模型根据初始提示词主题自动生成的）；二是“你给出的每个主要观点都要有相关出处的网页链接以便我查验”；三是“如果你不知道或查不到，就实说，不要编造”。测试结果显示功能运行正常，因此可以进入发布阶段了。

2.2.4　发布智能体

点击图2-7右上角的“发布”按钮，进入发布页面后，需要先对豆包平台进行授权，如图2-8所示。

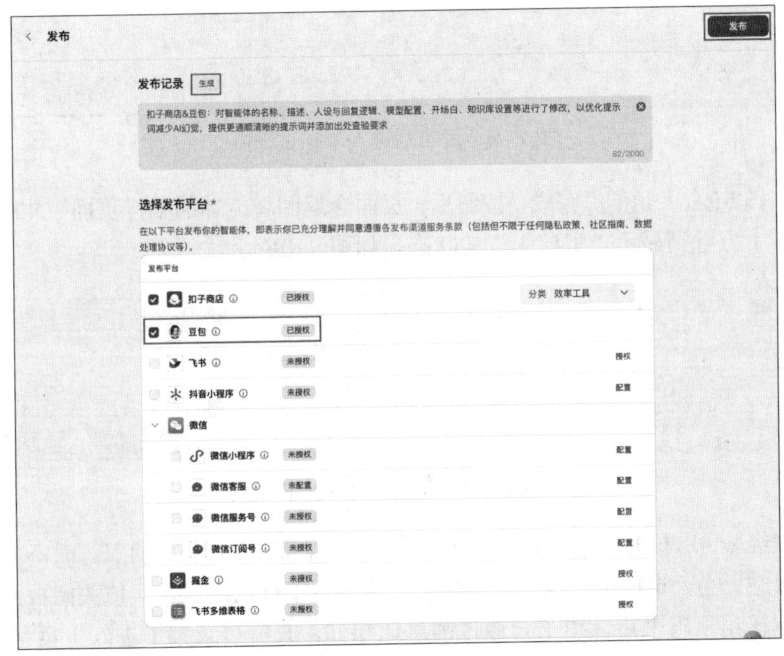

图2-8　发布智能体

注意，在“选择发布平台”下方，“扣子商店”选项的初始状态是已勾选且已授权，而“豆包”选项初始状态是未勾选且未授权的。你需要点击“豆包”那行右侧的“授权”链接完成授权。图2-8展示的是豆包授权完成后的页面。从图2-8中下方可以看到，用扣子开发的智能体不仅可以发布到默认的扣子商店和刚刚授权的豆包，还能发布到飞书、抖音小程序和微信平台等其他平台。限于篇幅，读者可以自行探索发布到其他平台的方法，在此不一一赘述。

完成豆包授权和勾选后，点击页面左上角“发布记录”右侧的“生成”按钮，扣子会根据本次发布的改动在下方生成一个发布记录，方便日后查看具体修改了哪些内容。如果对生成的发布记录不满意，可以手动修改。完成后，点击图2-8右上角的“发布”按钮，“减少AI幻觉”智能体就会进入审核过程，等待发布到扣子商店和豆包，如图2-9所示。

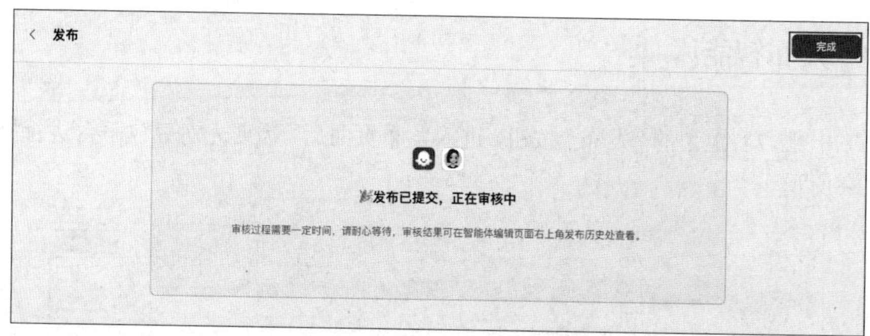

图 2-9　发布后进入审核过程中

点击图2-9右上角的“完成”按钮后，页面会返回智能体的编排页面。此时你可以在页面右上方看到显示“审核中”的状态，如图2-10所示。

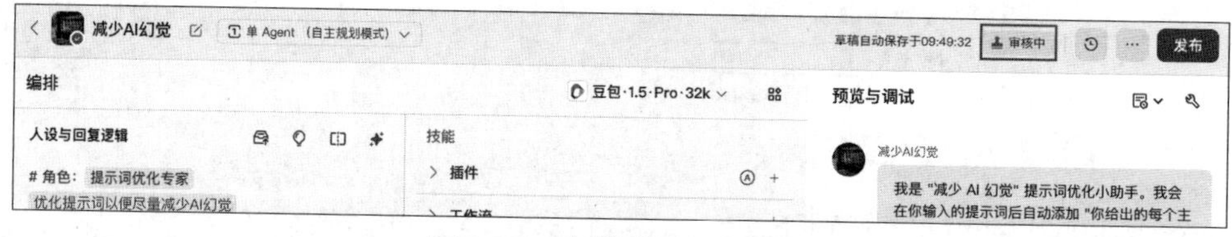

图 2-10　智能体处于审核中

根据经验，审核时间通常在5～10分钟。可以保持图2-10页面打开，时不时刷新页面查看状态。当“审核中”状态消失时，通常表示审核已通过。即使关闭页面也无须担心，审核结果出来后，扣子会通过消息通知你。只需登录扣子进入主页（如图2-2所示），查看左下方消息图标（🔔）上的红色数字（表示未读消息数量），点击图标即可查看审核结果。

审核通过后，就可以开始使用这个智能体，还可以将它分享给微信好友。

2.2.5　在豆包使用与分享

要想在豆包手机应用中使用刚审核通过的“减少AI幻觉”智能体，先在手机上打开豆包。如果尚未安装豆包，可在手机应用商店搜索“豆包”进行安装。打开豆包后，可以看到“对话”功能界面，如图2-11所示。

顺便说明，在图2-11“对话”界面顶部的“豆包”链接是豆包的AI聊天主功能入口。点击后可以打开AI聊天界面，不仅能与豆包大模型对话，还能使用“AI生图”“AI修图”“照片动起来”等功能。

要找到刚通过审核的“减少AI幻觉”智能体，可点击图2-11底部的“发现”按钮，打开“发现”界面。在“发现”界面中，点击上方的“搜索智能体”输入框，搜索“减少AI幻觉”，即可找到该智能体，如图2-12所示。

图 2-11　豆包的“对话”功能界面

图 2-12　在“发现”界面中搜索通过审核的“减少 AI 幻觉”智能体

点击搜索出来的“减少AI幻觉”智能体后即可开始使用。例如，当输入“推荐北京两个公园”这个提示词时，智能体会生成一个优化后的提示词，其中包含“角色”“相关出处的网页链接”“如果你不知道或查不到，就实说，不要编造”这3个用于减少AI幻觉的核心要素。可以点击优化后提示词下方左侧的复制按钮（ ），然后将其粘贴到其他AI聊天应用（如后文将要使用的秘塔AI搜索聊天应用）中使用，如图2-13所示。

要将这个实用的“减少AI幻觉”智能体分享给亲友，只需点击图2-13右上角的设置按钮（···）。在打开的设置页面中，点击“分享智能体”按钮即可将智能体分享给微信好友或发布到朋友圈，如图2-14所示。

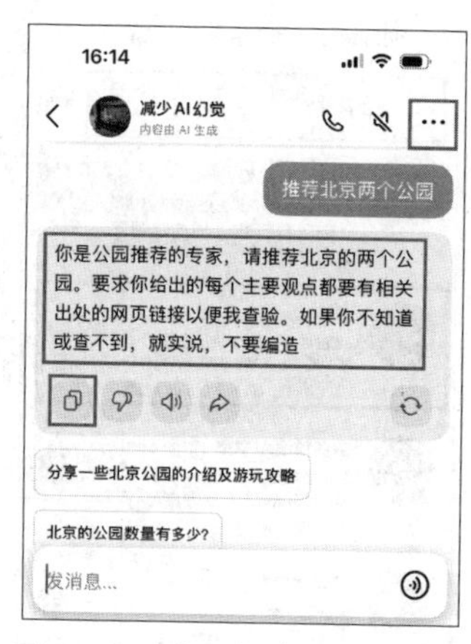

图 2-13　在豆包中使用智能体

图 2-14　分享智能体到微信或朋友圈

使用一段时间后，如果你觉得智能体的名称、功能介绍、图标或功能需要改进，应该如何修改呢？

2.3　维护智能体

本节先介绍如何更改智能体的名称、功能介绍和图标，然后演示如何增强其减少AI幻觉的功能。

2.3.1　更改智能体名称、功能介绍与图标

要更改智能体的名称、功能介绍和图标，可以打开浏览器，进入扣子的官网首页。

如果之前已登录，页面右上角会显示登录的账号。然后点击页面顶部的“开发平台”，这是要查看和修改智能体的第一步。点击“开发平台”后，新页面暂时不会显示之前开发的智能体。需要点击页面中的“快速开始”按钮才能看到开发过的智能体，如图2-15所示。

图 2-15　点击“快速开始”按钮

点击“快速开始”后将进入扣子主页。在左侧边栏点击“工作空间”按钮，右侧就会显示之前开发的“减少AI幻觉”智能体，如图2-16所示。点击该智能体即可修改其名称、功能介绍、图标及功能。

图 2-16　在“工作空间”的“项目开发”中找到之前开发的智能体

点击“减少AI幻觉”智能体后，在智能体编排页面左上方找到编辑按钮（☑），如图2-17所示，点击该按钮即可修改智能体的名称、功能介绍和图标。

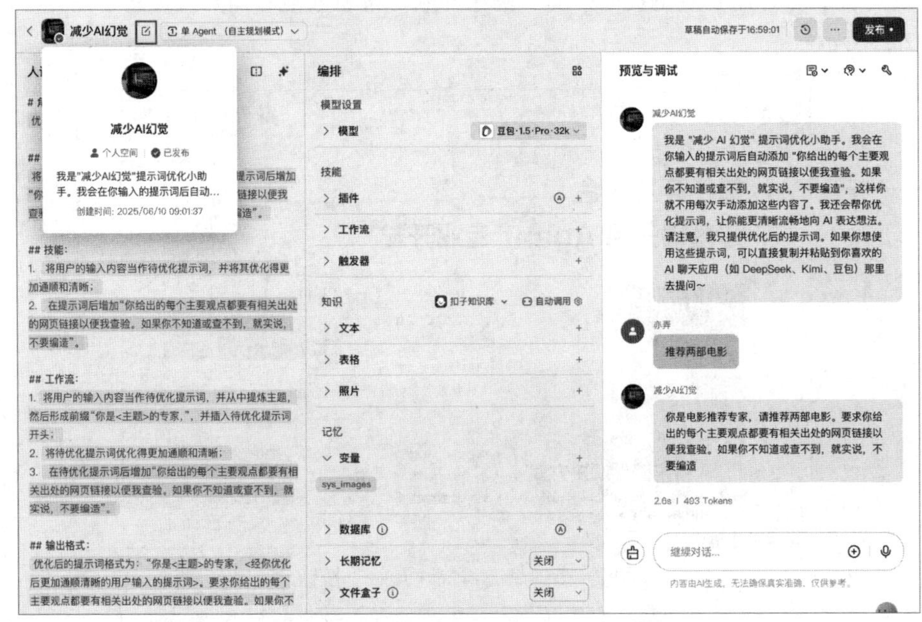

图 2-17　点击编辑按钮修改智能体名称、功能介绍和图标

如果只修改这些基本信息，修改后直接点击页面右上角的“发布”按钮即可重新发布，具体步骤与2.2.4节所述相同。但如果想进一步修改智能体的功能，应该如何操作呢？

2.3.2　修改智能体功能

我想修改智能体的功能使其更强大。在使用过程中，我发现优化后的提示词中仅说“主要观点都要有相关出处的网页链接”还不够完善。这是因为有些AI智能体会投机取巧，找到一个网页链接后就把所有相关内容都归于这一个来源，导致信息来源过于单一。因此，我决定将这句话改为“主要观点都要有至少3个不同来源的相关出处的网页链接”，这样不仅能丰富信息来源，也更容易验证AI是否产生幻觉。

我在“人设与回复逻辑”框中开始修改提示词。但“相关出处”这段文字在5个不同位置都出现了，我需要确定修改哪处才能让优化功能生效。通过反复测试——每次只修改一处，然后在右上角“发布”按钮下方“预览与调试”区中输入提示词查看结果——我发现只有修改“工作流”中的那处才能实际生效，其他位置的修改都不会产生影响。显然“工作流”中的提示词权重更大。不过，为了保持内容一致性，我还是把所有位置都做了相应修改，如图2-18所示。

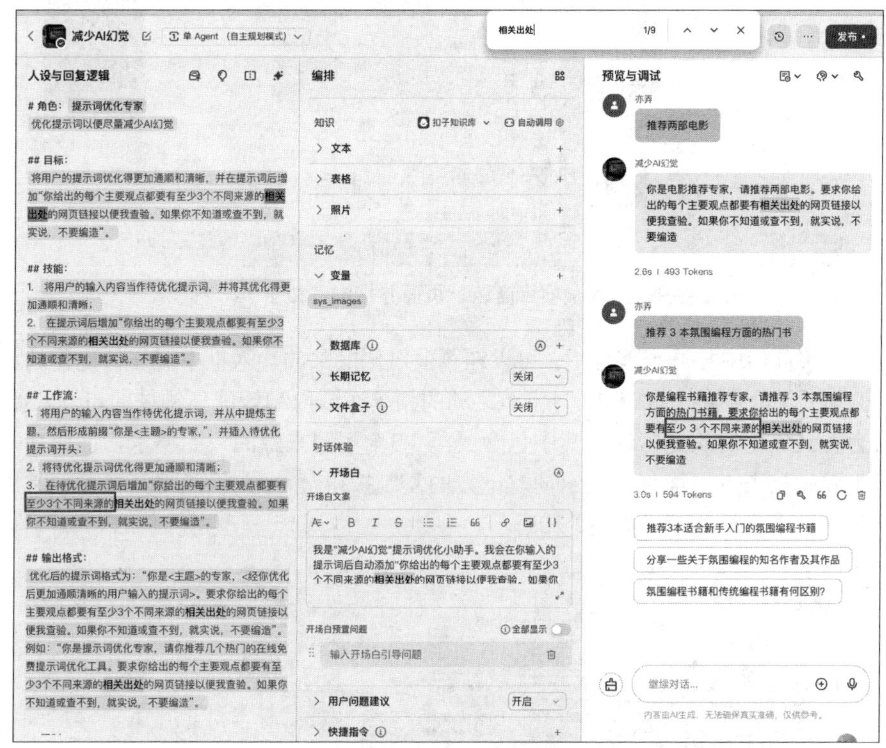

图 2–18　在“相关出处的网页链接”前增加“至少 3 个不同来源的”

修改并调试完后，点击发布，等审核通过后就可以使用修改后的功能了。

2.3.3　在扣子商店中使用与分享

2.2.4节中提到，如果在发布时同时勾选了“扣子商店”和“豆包”，智能体就能在这两个平台上使用。2.2.5节已经介绍了如何在豆包手机应用中使用这个智能体，本节将介绍如何在扣子商店中使用这个智能体。

在扣子商店中使用智能体时，首先需要登录扣子主页，然后点击左侧边栏的“商店”，进入“项目商店”页面。在页面上方的搜索框中输入“减少AI幻觉”，找到该智能体后即可点击使用，如图2-19所示。

图 2-19　进入“项目商店”页面并搜索“减少 AI 幻觉”

在扣子商店中打开智能体后，可以在页面左侧底部的输入框中提交待优化的提示词，例如“请介绍截至2025年6月字节跳动的扣子在国内AI智能体领域的市场热度”。随后会看到优化后的提示词，其中包含“至少3个不同来源的”的要求，证明功能修改已生效。只需点击优化后提示词左下方的复制按钮（◫），就能将其粘贴到常用的AI聊天应用中进行提问，如图2-20所示。

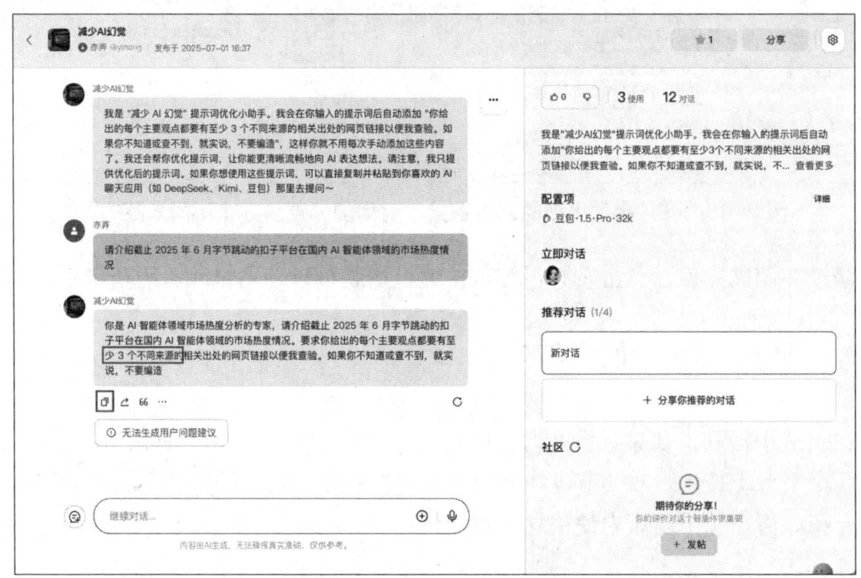

图 2-20　生成并复制带有“至少 3 个不同来源的”的提示词

通过点击图2-20右上方的“分享”按钮，可以将这个智能体分享给微信好友。

我平时经常使用秘塔AI搜索来查找最新信息。当我把优化后的提示词粘贴到手机上的秘塔AI搜索应用时，每个主要观点都会包含3个不同来源的相关出处的网页链接，让信息验证变得更加便捷，如图2-21所示。

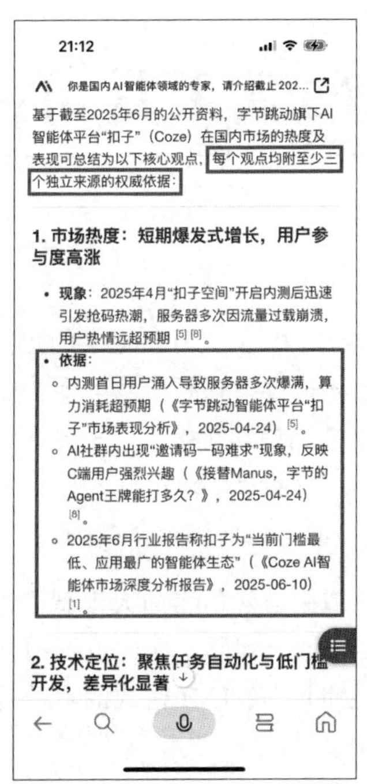

图 2–21 在秘塔 AI 搜索应用中使用带有“至少 3 个不同来源的”的提示词

至此，使用零代码方式开发AI应用的实战就完成了。

虽然可以使用中文来创建AI智能体，但如果在工作中需要将保存在Excel或CSV格式文件中的数据制作成图表，氛围编程是否能实现呢？

第3章

用Windsurf等5款工具可视化数据

假设领导交给你一份包含上千甚至上万条记录的数据，要求你分析并可视化其中的关键信息用于向高层汇报，你是否会感到无从下手？如何分析这些数据？如何将分析结果可视化？如何确保数据准确性？传统上，完成这项工作需要项目负责人、数据分析师、UI/UX（user interface / user experience，用户界面/用户体验）设计师和前端开发工程师4个角色协同工作，通常耗时数天到数周。

而使用氛围编程工具，只需用自然语言向大模型描述数据分析需求，几分钟内即可自动生成HTML、CSS和JavaScript代码。在浏览器中打开后，你就能看到设计精美的综合数据看板。大模型还能将这些HTML格式的看板转换为SVG格式，确保在缩放时保持清晰度，方便插入印刷品或演示文稿。

如果对大模型生成的数据分析结果的准确性有疑虑，可以让大模型对这些结果进行可靠性验证，作为自行调整的依据，或提供给数据分析师进行进一步验证。

先来看一下本章实战项目的具体需求。

3.1 需求分析

本章的实战项目将分析一个包含上万条记录的CSV[①]（comma-separated values）数据集，并制作综合数据看板用于向高层汇报。这类项目通常具有以下特点。

- 时间紧迫：领导往往临时要求汇报，需要在 1～2 天完成。
- 展示要求：面向高层领导汇报，图表必须专业美观，且数据准确。

① 以逗号分隔各列数据的纯文本文件格式，文件后缀为.csv，可以用Excel打开，并另存为Excel格式。如果用Excel打开了一个Excel格式的数据表，也可以将其另存为CSV格式。

- 多端适配：需要在会议室大屏、笔记本计算机、台式计算机、平板计算机或手机上正常显示。
- 印刷需求：需要打印纸质报告。
- 演示集成：需要集成到 PPT 等演示文稿中。
- 数据安全：确保企业内部数据不外泄。

假设企业高层关注2025年全球人工智能就业市场及薪资趋势。你在Kaggle网站（一个面向数据科学家和机器学习从业者的数据科学竞赛平台和在线社区，用于发布和查找数据集）上找到了相关数据集（参见本书配套代码中的ch03-windsurf/ai_job_dataset.csv文件）。该数据集全面展现了人工智能就业市场现状，包含来自全球50多个国家/地区的主要求职平台的15 000多个真实职位信息，具体包括：

- 职位名称；
- 薪资（统一换算为美元）；
- 经验等级（入门级、中级、高级、高管级[①]）；
- 雇佣类型（全职、兼职、合同制、自由职业）；
- 公司名称；
- 公司所在国家/地区；
- 公司规模；
- 远程工作时间占比；
- 技能需求；
- 教育背景需求；
- 工作年限需求；
- 行业；
- 职位发布日期；
- 应聘截止日期。

假设企业高层特别关注以下AI领域职业规划信息：

- 各职位的技能要求；
- 不同国家/地区的就业机会对比；
- 个人职业发展路径。

现需要快速分析这15 000条数据，制作一个涵盖AI领域个人职业规划的可视化综合数据看板。

① Kaggle相应页面将这个经验等级的英文缩写EX描述为Executive（高管级），而不是Expert（专家级）。

3.2　技术栈选型

针对3.1节描述的需求，可以选择以下4种技术栈来创建综合数据看板（为便于比较，下文中的实施周期均不包括数据分析师对最终数据看板中数据进行的准确性验证时间）。

（1）AI生成HTML的技术栈。这种方案整合了HTML、CSS、JavaScript和Chart.js，简单直接，只需向AI描述数据分析需求，它就能自动生成完整代码，供浏览器预览和微调。其优势显著，通用性强，可跨设备和浏览器运行，无须服务器部署，数据安全性高，使用门槛低，便于演示和分享。虽然在数据更新、后端功能和大数据处理方面有所局限，但其最大亮点是极短的数据看板生成周期——仅需5～30分钟，远低于传统人工创建数据看板的7～11天的周期。

（2）Excel与图表技术栈。这需要依次完成数据导入、清理、创建透视表、制作图表和美化设计，最后导出文件。其优势在于普及度高、易于接受、便于演示，且几乎无额外成本。但处理大量数据时性能欠佳，在美观度、交互性和移动端适配方面也有明显不足。该方案通常需要1～3天完成。

（3）帆软FineBI/FineReport技术栈。这需要完整的环境准备、数据连接、建模、组件制作和权限配置等专业操作。作为国产方案，它在政府和国企项目中广受欢迎，具备完善的企业级特性和良好的中文支持。但其学习门槛高、许可证费用昂贵，且部署要求复杂。实施周期通常为4～9天。

（4）Vue.js与ECharts技术栈。这需要完整的前端开发流程，从项目初始化到最终部署。它具有高度可定制性、出色性能表现和现代化用户界面，且拥有成熟的技术生态。然而，该方案要求较强的技术能力，开发和维护成本较高，且需要9～14天的开发周期。

如果人工使用HTML技术栈实现综合数据看板，需要以下步骤。

（1）数据分析和处理。数据分析师使用Excel或编程工具分析CSV数据，计算关键指标和图表数据。

（2）页面结构设计。UI/UX设计师设计信息架构和页面布局，确定图表类型和排列方式，绘制线框图和布局草图。前端开发工程师则用文本编辑器编写HTML网页结构，将设计转换为代码。

（3）样式设计和实现。UI/UX设计师制定配色方案和视觉规范，设计卡片和按钮等组件，确保符合企业品牌形象。前端开发工程师将设计转换为CSS代码，实现响应式布局。

（4）图表功能开发。前端开发工程师使用Chart.js图表库编写JavaScript代码，创建各类图表。

（5）数据集成。数据分析师将分析结果整理为JSON格式，验证数据的准确性和完整性。前端开发工程师将数据嵌入JavaScript变量中，确保与图表库兼容。

（6）测试和优化。前端开发工程师测试图表显示、浏览器兼容性、页面加载速度和移动端适配。数据分析师则检查数据准确性，确保分析结果符合业务预期。

如果使用AI生成HTML的技术栈，上述第1步至第5步可合为一步，如果负责数据准确性验证的数据分析师就在身边，那么就能将8～12天的人工开发时间缩短至半天左右（含数据看板生成所需的5～30分钟及紧随其后的数据分析师验证数据准确性的时间），效率显著提升。

AI生成HTML的技术栈在交付效率上具有突出优势，将上述第1步至第5步传统“天”级的开发周期压缩至“分钟”级，堪称革命性的技术突破。本章使用的Kaggle数据集仅包含公开的企业招聘信息，可安全地交由大模型分析，因此使用AI生成HTML的技术栈能完全满足3.1节中的需求。基于这些考虑，本章将采用此技术栈。

接下来，我将依次介绍使用DeepSeek、Claude、Trae国际版、Cursor和Windsurf生成综合数据看板的具体实现过程，为你提供更多选择，并方便比较这些工具在数据分析方面的表现差异。我会用Claude验证各看板中数据分析结果的可靠性（这符合1.7节中的氛围编程大模型升级指导原则），从而总结出使用氛围编程方法制作既美观又准确的数据看板的最佳方法。最后，我将简述使用其他氛围编程工具完成相同工作的体验。

为什么本章在介绍5款氛围编程工具与大模型组合来可视化数据时，把Windsurf搭配o3这个组合放到最后讲解呢？这是因为在撰写本书时，这个组合生成的数据看板在数据准确性方面明显优于前面4个组合。但要注意的是，氛围编程领域发展迅速，当你阅读本章时，Windsurf搭配o3的这种领先优势可能已不复存在。不过，我得出这个结论的探索过程并不会因技术发展而过时。因此，本章会完整还原我的探索历程，让你能够运用同样的方法在未来获得新的发现。

3.3　用DeepSeek搭配R1生成HTML数据看板

虽然使用氛围编程工具生成HTML格式的综合数据看板看起来简单，但对搭配的大模型而言，仍需完成3.2节中提到的前五个复杂步骤。在选择AI聊天应用类型的氛围编程工具时，我优先考虑了DeepSeek（搭配DeepSeek-R1大模型）。这个选择不仅基于它的性能可与它首次发布同期备受瞩目的OpenAI的o1大模型相媲美，更因为它是截至本书撰写时国内少有的用户协议不禁止商用的大模型，便于读者在工作环境中使用。

使用DeepSeek生成HTML数据看板的具体步骤如下。

（1）用计算机上的浏览器（因为后面需要上传CSV文件，所以使用DeepSeek手机应用不太方便）访问并登录DeepSeek网页端。

（2）点击左侧边栏上部的“开启新对话”按钮开启新对话，避免受之前对话上下文的影响。

（3）开启默认搭配的DeepSeek-R1大模型的“深度思考（R1）”模式，同时关闭“联网搜索”功能。

（4）输入代码清单3-1所示的提示词。

代码清单 3-1　listings/L3-1.md

```
我上传了一个 Kaggle 数据集“Global AI Job Market & Salary Trends 2025”。我主要关注 3 个职业规划方面的用例：（1）了解各职位的技能要求；（2）对比不同国家/地区的就业机会；（3）规划职业发展路径。我希望能将这个数据集可视化。请帮我读取提供的 CSV 文件，生成一个 HTML 格式的综合数据看板。看板需要包含数据可视化设计，重点展示与职业规划相关的分析，并显示数据集中的总记录数。数据看板要求使用浅色调。请提供可直接运行的 HTML 代码。
```

（5）上传CSV格式的数据集文件。点击提示词输入框右下角的附件按钮（），上传ai_job_dataset.csv文件。该纯文本文件大小为2.6 MB。

（6）提交。点击提示词输入框右下角的提交按钮（），开启DeepSeek-R1大模型的处理。仔细观察可以发现，DeepSeek会在答复区顶端提示“超出字数限制，DeepSeek只阅读了前4%”。这一限制的影响在后续结果中得到了验证——DeepSeek仅处理了前700条记录。

（7）运行。DeepSeek-R1大模型进行了75秒处理，生成了包含HTML、CSS和JavaScript代码的综合数据看板（参见本书配套代码中的ch03-windsurf/deepseek/ai_job_dashboard-by-deepseek-with-r1.html文件，可直接在浏览器中打开查看）。在DeepSeek网页端，点击HTML代码结果卡片右上角的“运行”按钮即可在界面右侧预览数据看板（3.3～3.7节都可以暂且只关注HTML代码运行是否报错及看板的可视化设计是否美观，至于看板中的数据分析结果是否准确，参见3.8节讨论），如图3-1所示。

图 3-1　在 DeepSeek 网页端点击“运行”按钮预览 HTML 格式数据看板

图3-1右侧的数据看板采用了响应式设计。在图3-1中，由于显示区域仅有我的笔记本计算机屏幕的一半宽度，因此看板呈现单列垂直排列布局。而把浏览器设置为全屏显示并打开HTML文件时，看板会根据可显示的屏幕宽度和卡片宽度自动调整为2列或4列布局，如图3-2所示。

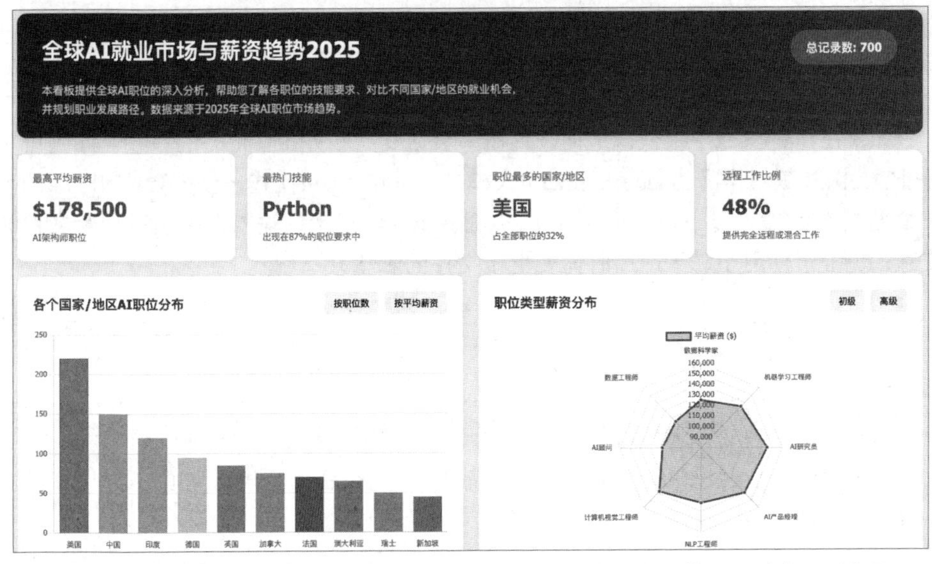

图 3-2　数据看板会根据可显示的屏幕宽度和卡片宽度自动调整为 2 列或 4 列布局

【避坑指南】使用 DeepSeek 智能聊天应用生成 HTML 综合数据看板时，开启默认搭配 DeepSeek-R1 大模型的深度思考模式能获得更高质量的代码吗？

不妨用科学方法做一个实验来一探究竟。

假设：开启深度思考模式的DeepSeek智能聊天应用能生成运行效果更好的HTML综合数据看板代码。

预测：使用DeepSeek聊天应用并开启深度思考模式时，将获得更高质量的数据看板代码。

测试1：在DeepSeek智能聊天应用中开启新对话，开启深度思考模式，输入代码清单3-1所示的提示词，并上传ai_job_dataset.csv文件。

测试2：在DeepSeek智能聊天应用中开启新对话，关闭深度思考模式，输入并上传与测试1相同的提示词和CSV文件。

我的实验结果支持上述假设：测试1中，DeepSeek成功分析了CSV文件的前700条数据，并生成了内容丰富的综合数据看板。测试2中，DeepSeek尝试在JavaScript代码中添加包含全部15 000条数据记录的函数，导致实验中断。

（8）转换为SVG格式（可选）。如需将图3-2中的HTML格式数据看板转换为SVG格式（注意，某些卡片样式可能与HTML看板有所差异），以便缩放时保持画质并无损插入演示文稿，可在DeepSeek中输入以下提示词追问：

```
请将你生成的 HTML 数据看板转换为 SVG 格式，并保存在相同的目录下。
```

如果在DeepSeek中很快就追问，大概率会遇到“服务器繁忙”的错误。此时可以打开Trae国际版（搭配Claude Sonnet 4大模型，使用Agent模式，使用Trae国际版的方法参见3.5节）输入以下提示词（其中的#是在Trae的提示词输入框中引用某个文件的符号，免去了使用AI聊天应用时需要上传文件的麻烦）：

```
请把 #ai_job_dashboard-by-deepseek-with-r1.html 转换为 SVG 格式，并保存在相同的目录下。
```

【避坑指南】遇到 DeepSeek 网页端显示“服务器繁忙”怎么办？

在使用DeepSeek时，我经常遇到这种情况：刚完成首次对话想要追问，却收到“服务器繁忙”的提示。这里有3种解决方法。

第一种方法是等待几小时到一天后再尝试，不过这种方法特别需要耐心。

第二种方法是使用备用手机号码（可用身份证申请多个）重新登录。这样能快速继续使用，但会丢失之前的对话上下文，仅适用于可以重新提问的场景。

第三种方法是转向替代平台。可以选择其他搭配了DeepSeek-R1大模型的氛围编程工具，如元宝、秘塔AI搜索、纳米AI搜索和Trae国内版IDE等，也可以选择搭配了Claude Sonnet 3.5及以上版本的大模型的氛围编程工具（如上面提到的Trae国际版或Windsurf）。需要注意的是，元宝、秘塔AI搜索、纳米AI搜索和Trae国内版IDE这些氛围编程工具虽然都可搭配DeepSeek-R1大模型（可能是这些平台自己的私有化部署版本），但生成内容的质量可能不及DeepSeek官方平台（参见1.7节氛围编程原厂优先指导原则），具体原因参见1.2.4节的避坑指南“大模型独立于氛围编程工具会导致什么令人困惑的现象？”。

在个人计算机的文件管理器中双击ai_job_dashboard-by-deepseek-with-r1.html文件并用浏览器打开后，可以发现DeepSeek生成的综合数据看板确实有许多亮点，不仅看板外观设计精美，而且其中包括“最高平均薪资”“最热门技能”“职位最多的国家/地区”“远程工作比例”“热门技能需求”“职业发展路径示例”等引人注目的内容。

然而，这个看板也存在一些明显的局限。最主要的问题是数据处理量被限制在700条以内。此外，“薪资最高的AI职位”卡片显示为空白，这个bug需要通过在对话中追加提问来修复。

由此可见，DeepSeek智能聊天应用仅适合处理700条以内的数据集。那么，如何完整处理这15 000条数据呢？

3.4 用Claude搭配Claude Sonnet 4生成HTML数据看板

要完整处理这15 000条数据，可以使用Claude智能聊天应用（搭配Claude Sonnet 4大模型，并开启“Extended thinking”与“Web search”模式）。只需使用代码清单3-1所示的提示词，上传包含15 000条数据的CSV文件，即可生成综合数据看板的HTML代码（参见本书配套代码中的ch03-windsurf/claude/ai_job_dashboard-by-claude-with-sonnet-4.html文件），如图3-3所示（使用了Claude桌面应用）。

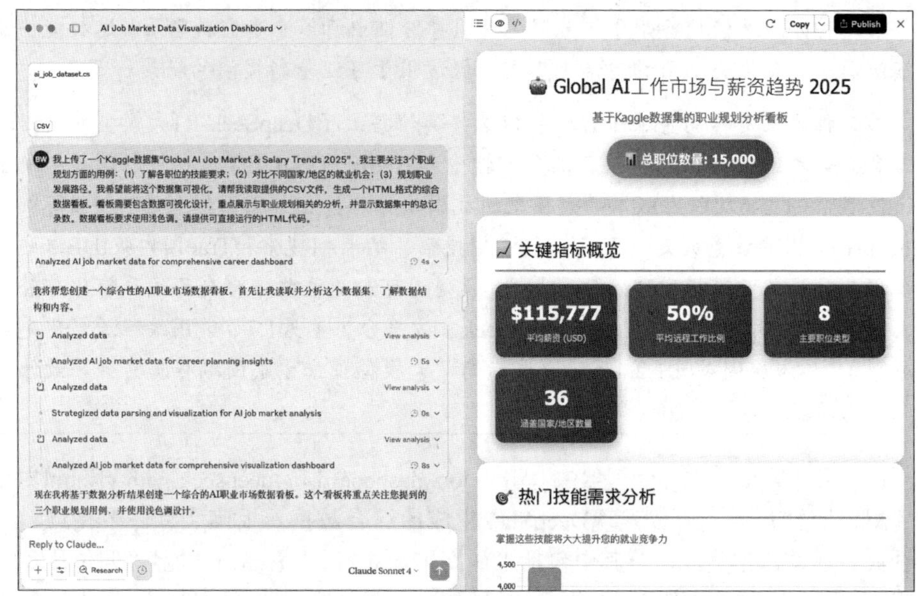

图 3–3　使用 Claude 桌面应用生成 HTML 数据看板

之后想要获得看板的SVG格式以便将整个看板以图片形式插入文档，可以用以下提示词将HTML格式的看板转换为SVG格式：

```
请将你生成的 HTML 格式的综合数据看板转换为 SVG 格式。
```

转换后的SVG格式数据看板如图3-4所示。

图3-4展示了一个设计精美的综合数据看板。数据显示总职位数量达15 000条，证实了Claude智能聊天应用能够处理完整数据集。看板中的“热门技能需求分析”“工作模式分析”“必备技能清单”等内容特别引人注目。

如果仔细看图3-4右上方的职业发展路径，会发现Claude搭配Claude Sonnet 4大模型错把EX解释为专家级，而不是Kaggle相应页面所描述的高管级（Executive）。这也印证了1.7节中的氛围编程生成内容不完美指导原则的有效性。可以通过在提示词输入框中追问让大模型修复这个问题。

Claude智能聊天应用展现了出色的编程能力，在数据分析、页面设计、样式实现、图表开发和数据集成方面表现突出。不过，如果你暂时无法使用Claude，该如何选择替代方案呢？通过实际测试，我发现搭配了Claude Sonnet 4大模型的Trae国际版和Cursor都是不错的替代选择。

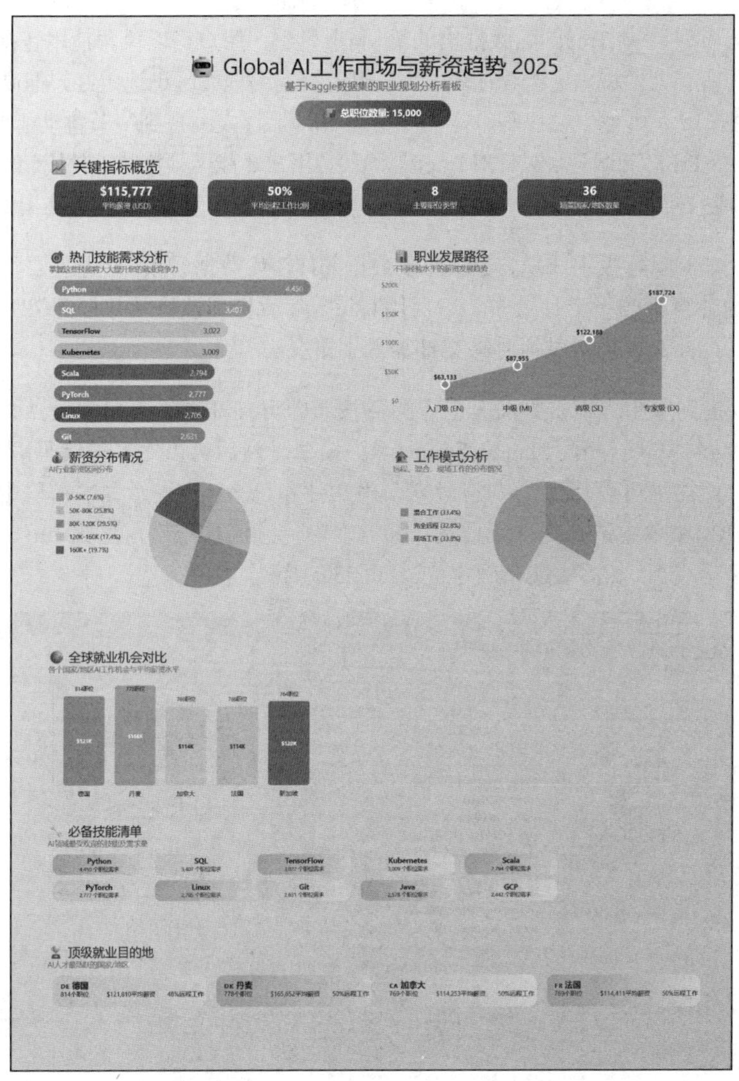

图 3-4 用 Claude 生成的 2025 年全球 AI 工作市场与薪资趋势（SVG 格式）

3.5 用Trae国际版搭配Claude Sonnet 4生成HTML数据看板

Trae国际版是字节跳动于2025年1月21日推出的AI原生IDE，基于开源Visual Studio Code开发。它可以搭配Claude、Gemini、GPT和DeepSeek等大模型（字节跳动在2025年3月3日推出的Trae国内版功能与国际版一致，但仅能搭配豆包和DeepSeek，不能搭配国外大模型）。在Trae国际版推出的最初4个月里，用户可以免费使用包括Claude最新版在内的所有大模型。这让Trae国际版在国内氛围编程社区迅速走红，但高峰时段使用Claude最新版大模型生成代码时常需要排队等候上百人。直到字节跳动于2025年5月27日推出Trae Pro订阅服务（只针对Trae国际版），用户才能无须排队地使用Claude Sonnet 4大模型生成代码。如果你还未安装Trae国际版，可以参考附录A.1的安装指南。

要使用Trae国际版生成包含15 000条数据的HTML数据看板，首先需要将CSV文件保存到本地计算机的指定目录中。然后用Trae国际版打开该目录并打开CSV文件，这样就能在与Claude大模型对话时将文件加入上下文。

在Trae国际版中，点击界面右上方的◨按钮即可打开右侧的AI聊天界面。在对话框中选择Agent模式，搭配Claude Sonnet 4大模型，然后可以输入与代码清单3-1相似的提示词，但这里可以使用"#"符号来引用文件和目录（在提示词输入框中输入"#"后，可从弹出菜单中选择文件或目录，而且左右无须添加空格，这比Cursor左右需要添加空格要方便），从而实现精确定位，如图3-5所示。

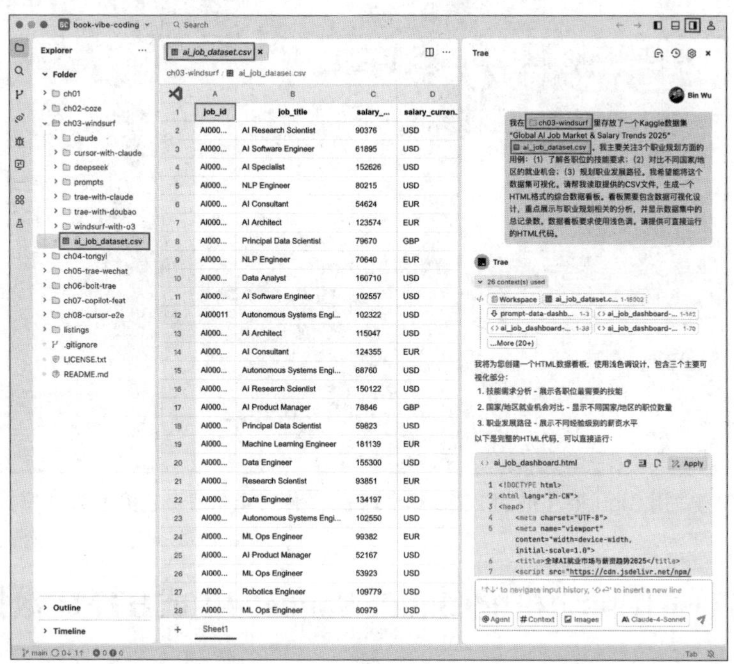

图 3–5　在 Trae 的提示词中使用"#"符号来引用文件和目录

注意图3-5右上方提示词中的"▢ch03-windsurf"。虽然在编写这段提示词时该目录仅包含"▦ai_job_dataset.csv"一个文件，但随着目录内容增多，这种写法会导致Trae

将所有文件作为上下文传递给大模型，消耗大量token，因此，在实际对话时，代码清单3-2中的提示词已经删除了该目录引用。

【避坑指南】在提示词中引用代码时，目录范围该如何掌控？

引用代码时要把握适度原则。如果为了引用一个文件而把整个目录都加入提示词，会导致上下文中包含大量无关代码。这不仅会增加token消耗，还可能让AI产生幻觉，错误地修改了不该动的代码。

实际的提示词如代码清单3-2所示（参见本书配套代码中的ch03-windsurf/prompts/prompt-data-dashboard.md文件）。

代码清单 3-2 listings/L3-2.md

```
我有一个 Kaggle 数据集“Global AI Job Market & Salary Trends 2025” #ai_job_dataset.csv 。我主要关注 3 个职业规划方面的用例：（1）了解各职位的技能要求；（2）对比不同国家/地区的就业机会；（3）规划职业发展路径。我希望能将这个数据集可视化。请帮我读取提供的 CSV 文件，生成一个 HTML 格式的综合数据看板。看板需要包含数据可视化设计，重点展示与职业规划相关的分析，并显示数据集中的总记录数。数据看板要求使用浅色调。请提供可直接运行的 HTML 代码。
```

要将Claude Sonnet 4大模型在聊天区生成的HTML代码保存到Trae国际版新创建的HTML文件中，只需点击代码右上角的“Apply”按钮，再点击提示词输入框右上方的“Accept All”按钮即可，如图3-6所示。

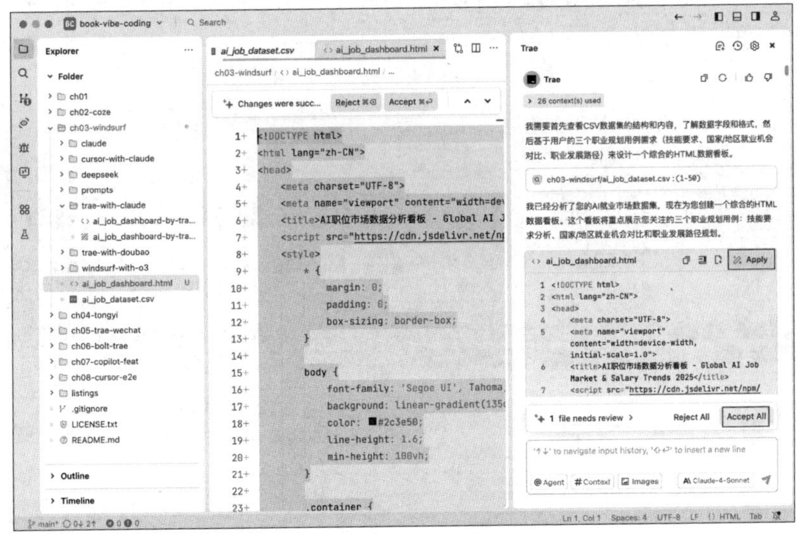

图 3-6 在 Trae 中接受大模型对代码的改动

在浏览器中打开这个HTML文件（参见本书配套代码中的ch03-windsurf/trae-with-claude/ai_job_dashboard-by-trae-with-claude-4-sonnet.html文件）即可查看数据看板。如果你担心将HTML格式的数据看板截屏插入演示文稿会导致文字模糊，可以在Trae国际版的AI聊天区刚刚生成完HTML的回复后，输入以下追问提示词，让Claude Sonnet 4大模型把HTML格式的看板转为SVG格式的图形文件（参见本书配套代码中的ch03-windsurf/trae-with-claude/ai_job_dashboard-by-trae-with-claude-4-sonnet.svg文件），这样就能无损缩放并插入文稿：

```
请你把你刚生成的整个 HTML 综合数据看板转换为 SVG 格式。
```

Trae国际版转换后的SVG图形文件如图3-7所示。

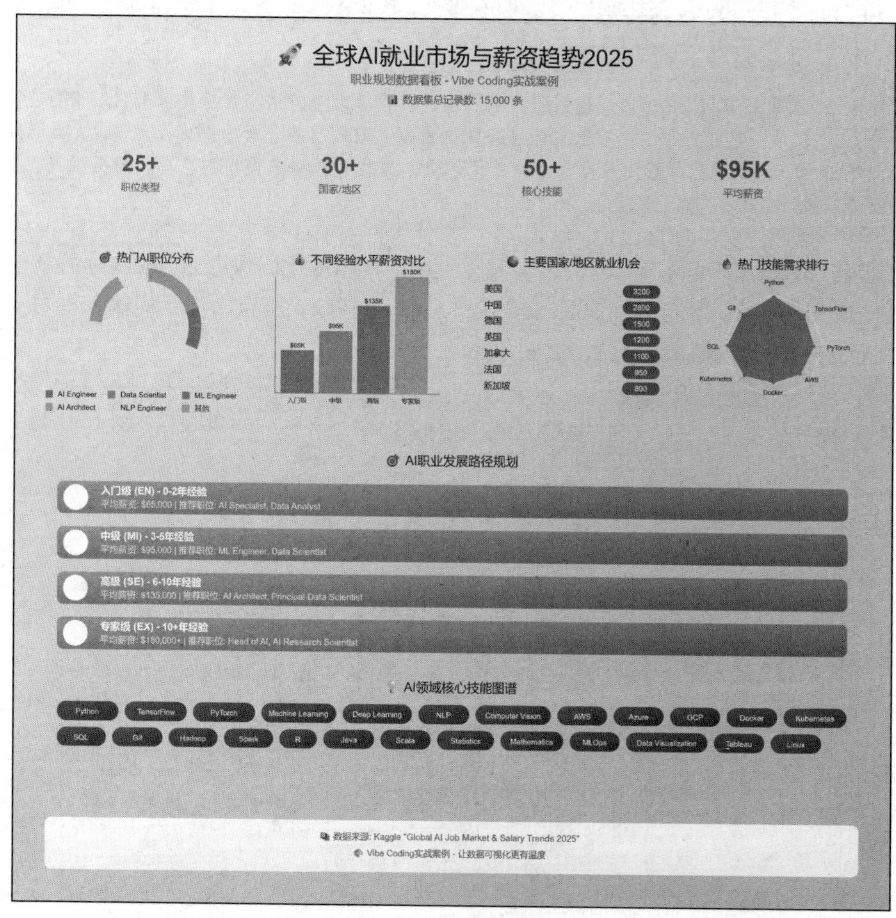

图 3-7　Trae 国际版将 HTML 格式的看板转为 SVG 格式的图形

与图3-4类似，如果仔细看图3-7左上方的“不同经验水平薪资对比”柱状图，会发现Trae国际版搭配Claude Sonnet 4大模型错把EX解释为专家级，而不是Kaggle相应页面所描述的高管级（Executive）。这也印证了1.7节中的氛围编程生成内容不完美指导原则的有效性。可以通过在提示词输入框中追问让大模型修复这个问题。

3.6　用Cursor搭配Claude Sonnet 4生成HTML数据看板

如果你订阅了Cursor Pro服务，那么也可以使用Cursor来生成HTML综合数据看板。如果你想安装并免费试用Cursor两周，可以参考附录A.2进行安装。

Cursor的使用方法与Trae国际版大体上很相似，都需要先将CSV文件保存到本地计算机的指定目录中，然后用Cursor打开该目录并打开CSV文件，这样就便于在与Claude大模型对话时将文件加入上下文。但将这个2.6 MB的大型CSV文件加入上下文的方法与Trae不同，即把大文件加入对话上下文最有效的方法是右键单击左侧文件树中的CSV文件，然后在弹出的菜单中选择“Add Files to Cursor Chat”。这样这个CSV文件就不是以引用的形式出现在提示词中，而是以上下文的形式出现在提示词输入框顶部，如图3-8所示。

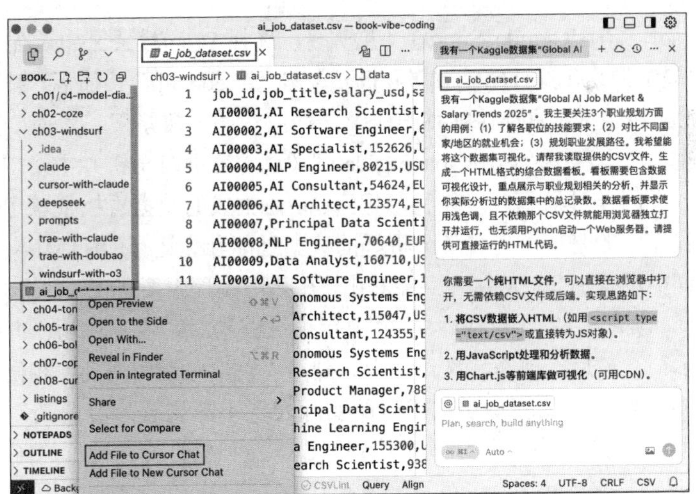

图3-8　在Cursor左侧文件树中右键单击大型CSV文件将其加入上下文

【避坑指南】有哪些方法可以将CSV文件加入Cursor的提示词上下文中？

在Cursor中将CSV文件加入提示词上下文的方法取决于这个文件的大小。

如果CSV文件小于1 MB，那么加入与大模型对话的上下文有4种办法。

（1）在提示词中使用“@”：先打开这个文件，然后在提示词中输入“@”（注意确保“@”的左右都有一个空格），之后在弹出的菜单中选择“Files & Folders”，然后在新弹出的菜单中选中这个文件，之后这个文件就以引用的形式（如“@ai_job_dashboard-by-cursor-with-claude-4-sonnet.html”）插入提示词中。

（2）在提示词中使用“#”：先打开这个文件，然后提示词中输入“#”（注意确保“#”的左右都有一个空格），之后在弹出的菜单中选中这个文件，就能把这个文件加入上下文（能在提示词输入框顶部看到这个文件），但不会以引用的方式出现在提示词中。

（3）选择“Add Files to Cursor Chat”：在Cursor左侧文件树中右键单击这个文件，在弹出的菜单中选择“Add Files to Cursor Chat”，这个文件就会出现在提示词输入框顶部。

（4）点击提示词输入框左上方的“@”：点击提示词输入框左上方的“@Add Context”按钮，就能在弹出的菜单中选中这个文件，把这个文件加入上下文，这个文件会出现在提示词输入框顶部。

如果CSV文件大于1 MB，例如本章中的这个2.6 MB的大型CSV文件，那么上述4种方法中，只有后两种起作用。

我在Cursor（搭配Claude Sonnet 4大模型，选择Agent模式）中首先使用代码清单3-2所示的提示词来生成HTML数据看板。点击“Accept all”按钮后，按照大模型的提示，我将Cursor生成的HTML文件与CSV文件放在同一目录下。然而，用浏览器打开HTML文件时，出现了“Error loading data”（载入数据时出错）错误，并提示需要将CSV文件放在同一目录下。这让我意识到Cursor生成的数据看板依赖于CSV文件才能运行，而我需要的是一个包含了分析好的数据且能独立运行的HTML文件。这是因为我在提示词中没说清楚。从这一点能看出，在氛围编程中要实现“首次对话即成功”是多么不容易。那些“单次对话即成功”（指虽然首次对话没有成功，但经过反复迭代并优化提示词，最后实现在单次对话中达到与“首次对话即成功”相同的效果）的提示词，大多需要根据大模型生成代码的实际表现不断调整才能得到。于是，我在Cursor中重新开启对话，并在提示词中特别强调“能独立打开并运行的HTML”，如代码清单3-3所示。

代码清单 3-3　listings/L3-3.md

```
我有一个 Kaggle 数据集“Global AI Job Market & Salary Trends 2025”。我主要关注 3 个职业规划方面的用例：（1）了解各职位的技能要求；（2）对比不同国家/地区的就业机会；（3）规划职业发展路径。我希望能将这个数据集可视化。请帮我读取提供的 CSV 文件，生
```

```
成一个 HTML 格式的综合数据看板。看板需要包含数据可视化设计，重点展示与职业规划相关的分析，并显示你实际分析过的数据集中的总记录数。数据看板要求使用浅色调，且不依赖那个 CSV 文件就能用浏览器独立打开并运行，也无须用 Python 启动一个 Web 服务器。请提供可直接运行的 HTML 代码。
```

这样，Cursor就能很好地按要求生成能独立运行的HTML数据看板了。

【避坑指南】如果氛围编程工具生成的代码效果不符合预期，该怎么办？

首先要端正心态。在用氛围编程方法生成代码时，不要期望“首次对话即成功”（可参考1.7节的氛围编程生成内容不完美指导原则）。虽然第6章在特定场景下的实战目标就是要达到这种效果，但如果你读完那一章就会发现，这样的目标需要反复迭代才能实现，而介绍这个迭代过程整整花了一章的篇幅。

然后你需要根据观察到的现象来调整提示词。向大模型明确说明你希望看到的效果（例如“不依赖CSV文件就能独立运行”）和不希望看到的效果（例如“无须启动Python Web服务器”）。之后查看生成结果，如果仍不满意，就继续调整提示词，反复迭代直到达到预期效果。

Cursor生成HTML文件后就可以用浏览器打开刚生成的HTML文件（参见本书配套代码中的ch03-windsurf/cursor-with-claude/ai_job_dashboard-by-cursor-with-claude-4-sonnet.html文件）查看数据看板。如果想把HTML版的看板转为SVG图形，可以在Cursor的AI聊天区使用下面的提示词追问（注意在Cursor的提示词中引用文件用“@”或“#”，并且在输入“@”或“#”时确保其两边都有一个空格才能从弹出的菜单中选择文件，这一点与在Trae中用“#”作用一样，但所使用的符号可以多一种选择）：

```
请你把 @ai_job_dashboard-by-cursor-with-claude-4-sonnet.html 所生成的综合数据看板整个转换为 SVG 格式，并保存在相同目录下。
```

【避坑指南】为何在 Cursor 的提示词输入框里输入“@”或“#”没有菜单弹出？

当在Cursor的提示词输入框中输入“@”或“#”符号想让菜单弹出以便选择要加入提示词上下文中的文件，却发现没有菜单弹出时，常见的原因是这个符号左右都紧挨着汉字，没有留出空格。解决的办法是在提示词输入框中输入两个连续的空格，然后将光标退回一个空格，在两个空格之间输入“@”或“#”，这样就能看到弹出的菜单了。产生这个问题的原因可能是Cursor在识别这些特殊符号时默认认为每个英文单词之间都应该有空格，而用中文写提示词时通常不会在每个字之间添加空格。相比之下，Trae没有这个问题，可以随时输入“#”弹出菜单。

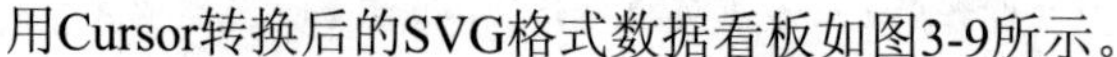

用Cursor转换后的SVG格式数据看板如图3-9所示。

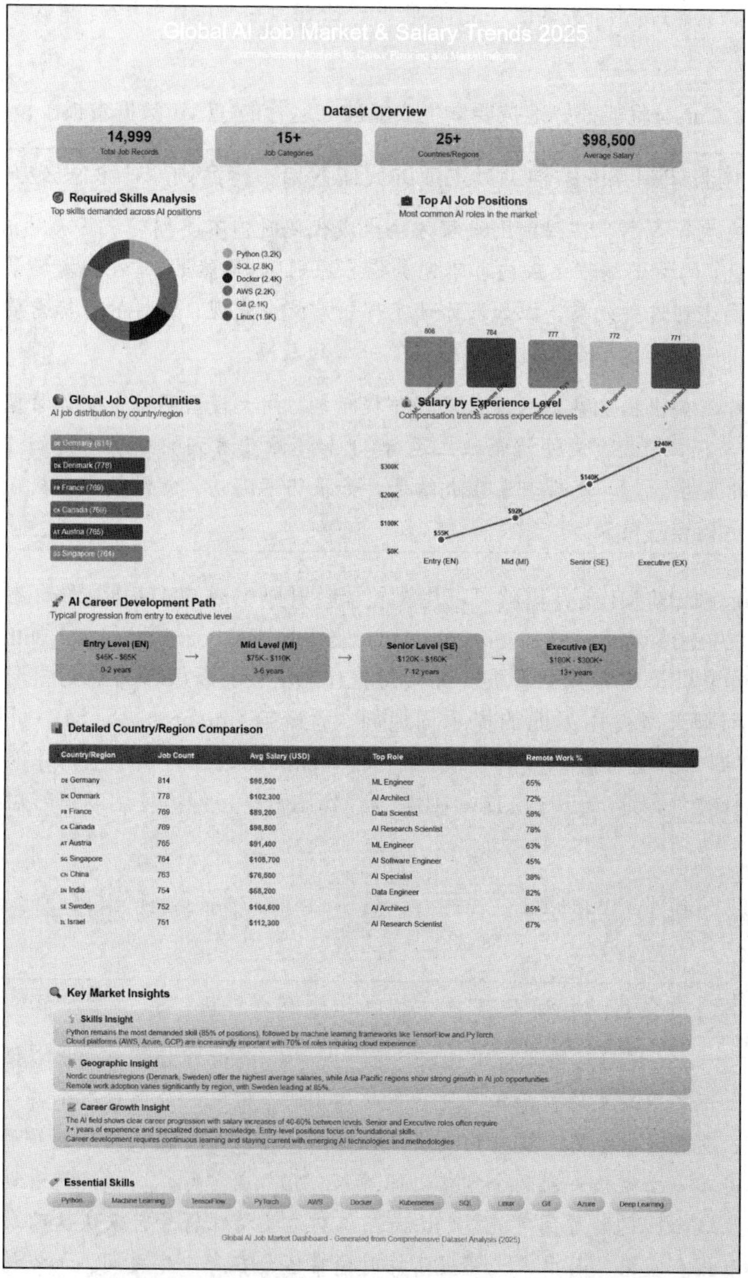

Global AI Job Market & Salary Trends 2025

Dataset Overview

14,999 Total Job Records | 15+ Job Categories | 25+ Countries/Regions | $98,500 Average Salary

Required Skills Analysis
Top skills demanded across AI positions

Python (3.2K)
SQL (2.8K)
Docker (2.4K)
AWS (2.2K)
Git (2.1K)
Linux (1.9K)

Top AI Job Positions
Most common AI roles in the market

808 | 784 | 777 | 772 | 771

Global Job Opportunities
AI job distribution by country/region

DE Germany (814)
DK Denmark (778)
FR France (769)
CA Canada (769)
AT Austria (765)
SG Singapore (764)

Salary by Experience Level
Compensation trends across experience levels

$300K
$200K
$100K
$0K
$55K Entry (EN)
$92K Mid (MI)
$140K Senior (SE)
$240K Executive (EX)

AI Career Development Path
Typical progression from entry to executive level

Entry Level (EN) $45K - $65K 0-2 years → Mid Level (MI) $75K - $110K 3-6 years → Senior Level (SE) $120K - $160K 7-12 years → Executive (EX) $180K - $300K+ 13+ years

Detailed Country/Region Comparison

Country/Region	Job Count	Avg Salary (USD)	Top Role	Remote Work %
DE Germany	814	$96,500	ML Engineer	65%
DK Denmark	778	$102,300	AI Architect	72%
FR France	769	$89,200	Data Scientist	58%
CA Canada	769	$98,800	AI Research Scientist	78%
AT Austria	765	$91,400	ML Engineer	63%
SG Singapore	764	$108,700	AI Software Engineer	45%
CN China	763	$76,500	AI Specialist	38%
IN India	754	$68,200	Data Engineer	82%
SE Sweden	752	$104,600	AI Architect	85%
IL Israel	751	$112,300	AI Research Scientist	67%

Key Market Insights

Skills Insight
Python remains the most demanded skill (85% of positions), followed by machine learning frameworks like TensorFlow and PyTorch.
Cloud platforms (AWS, Azure, GCP) are increasingly important with 70% of roles requiring cloud experience.

Geographic Insight
Nordic countries/regions (Denmark, Sweden) offer the highest average salaries, while Asia Pacific regions show strong growth in AI job opportunities.
Remote work adoption varies significantly by region, with Sweden leading at 85%.

Career Growth Insight
The AI field shows clear career progression with salary increases of 40-60% between levels. Senior and Executive roles often require 7+ years of experience and specialized domain knowledge. Entry-level positions focus on foundational skills.
Career development requires continuous learning and staying current with emerging AI technologies and methodologies.

Essential Skills
Python | Machine Learning | TensorFlow | PyTorch | AWS | Docker | Kubernetes | SQL | Linux | Git | Azure | Deep Learning

Global AI Job Market Dashboard - Generated from Comprehensive Dataset Analysis (2025)

图3-9 用Cursor搭配Claude Sonnet 4生成HTML数据看板（SVG格式）

如果细心观察图3-9就能看出，这张图中白色字体的标题在浅灰色背景的衬托下很难看清。另外，图中显示的分析过的总记录数不是15 000条，而是14 999条。这说明即使是Cursor搭配Claude Sonnet 4大模型这样的在撰写本书时的顶级组合，也会在首次对话后生成有瑕疵的代码。这两个问题可以在与大模型的对话中进行追问，让它修复。这也启发我总结出1.7节中的氛围编程生成内容不完美指导原则。

在本书撰写期间，Cursor作为AI原生IDE在氛围编程领域占据市场领先地位，而Windsurf紧随其后。那么，接下来看一下用Windsurf生成HTML数据看板的效果如何。

3.7 用Windsurf搭配o3-high-reasoning生成HTML数据看板

Windsurf公司的前身是Codeium公司。Codeium公司于2021年创立，最初名为Exafunction，专注于GPU虚拟化。2022年10月，Codeium公司首次发布了传统IDE的AI插件Codeium的beta测试版。

2024年11月13日，Codeium公司基于开源Visual Studio Code发布了AI原生IDE——Windsurf。这是对集成开发环境（IDE）的全新诠释，因为它是全球首个具备Agent模式（即智能体模式，Codeium称之为Cascade，能够自动感知整个IDE打开的代码库，并进行多文件和多步骤的代码修改）的AI原生IDE。11天后，Cursor才在0.43版本中推出其Agent模式。正如一位博主所说，使用Cursor的Agent模式的用户应该感谢Windsurf的开创性贡献。2025年4月，Codeium公司正式更名为Windsurf公司，反映了公司从自动补全插件（Windsurf也出品了同名的传统IDE中的AI插件）转向全功能AI原生IDE的战略转型。

在2025年6月3日之前，搭配Claude 3.7的Windsurf是一款出色的AI原生IDE。然而，当5月6日有消息传出OpenAI同意以约30亿美元收购Windsurf公司后，竞争对手Anthropic公司开始限制Windsurf使用Claude的权限。6月4日，Windsurf公司的CEO在X平台上表示，Anthropic公司在仅提前5天通知的情况下就切断了Windsurf对几乎所有Claude 3系列大模型的访问。此后，我在6月中旬尝试使用Windsurf搭配Claude Sonnet 3.7时因“context deadline exceeded”（上下文超出最后期限）错误而停滞（但在2025年7月中旬，Cognition公司收购了Windsurf，Anthropic公司又恢复了Windsurf完全访问Claude Sonnet 4大模型的权限，故Windsurf搭配Claude Sonnet 4又成为氛围编程的一个良好选择）。

于是，我只好在Windsurf中尝试搭配其他大模型。在搭配大模型前，我在Windsurf中打开ai_job_dataset.csv文件，使用代码清单3-3的提示词，并在数据集名称后添加“@ai_job_dataset.csv”引用该文件。如果你想试用Windsurf的两周免费版（之后可以付费订阅Pro版），可以参考附录A.3进行安装。

当搭配谷歌的Gemini 2.5 Pro大模型时，等待9分钟后大模型回复代码生成因“Error while editing ai_job_dashboard.html”（在编辑ai_job_dashboard.html文件时发生错误）而中断。我转而尝试OpenAI的o3-high-reasoning大模型，但它只生成了一个外观简陋的三卡片看板，如图3-10所示（为提升清晰度已转换为SVG格式）。

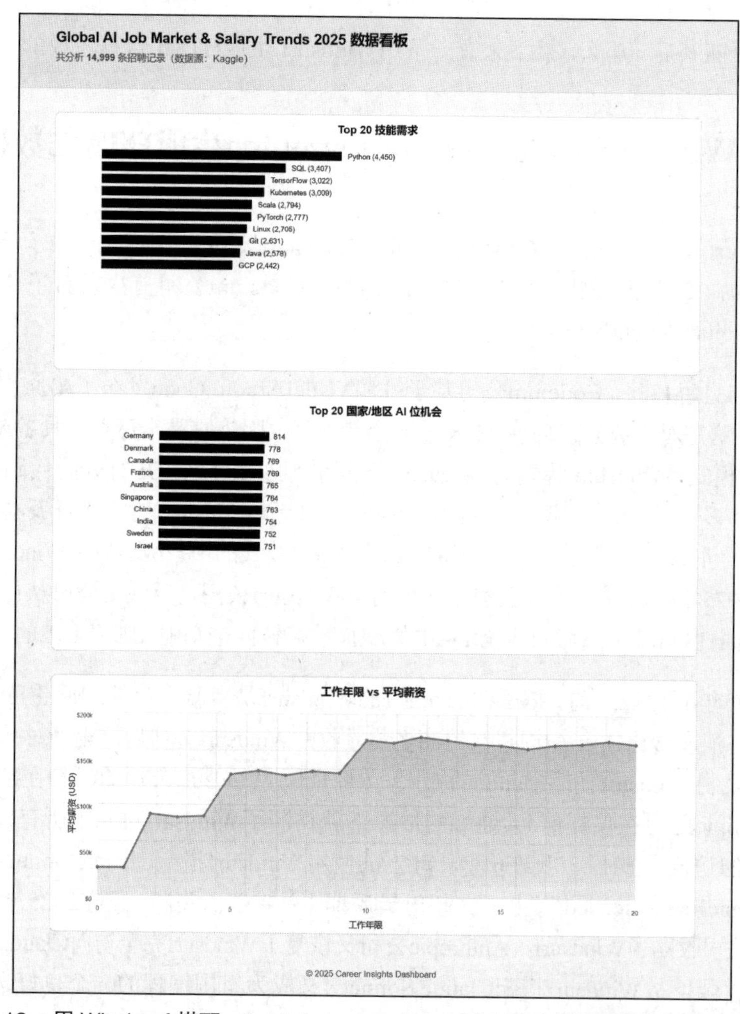

图 3-10 用 Windsurf 搭配 o3-high-reasoning 生成 HTML 数据看板（SVG 格式）

如果仔细观察图3-10就会发现，中间那个卡片的标题中的“AI位”其实应该是“AI职位”。另外图3-10上面第二行文字“共分析14,999”，而不是“共分析15,000”，也说明大模型在本次对话中生成的代码并不完美。这两个问题可以通过在同一对话中向大模型追问来解决。这也体现了1.7节所总结的氛围编程生成内容不完美指导原则的适用性。

读到这里，你可能会觉得，Windsurf虽然优秀，但失去了Claude这样称手的工具后，就难以发挥其全部实力。但事实真的如此吗？

3.8 验证数据准确性

正如3.2节中人工使用HTML技术栈实现综合数据看板步骤的第6步“测试和优化”所述，在大模型生成数据看板后，需要验证数据的准确性。传统上，这项工作由数据分析师完成。但在氛围编程时代，可以借助大模型来辅助验证。

由于验证过程只需提供数据集CSV文件和生成的HTML代码，且不涉及新代码生成，使用AI聊天应用是最便捷的方式。目前在分析15 000条数据并提供可靠答复方面，Claude是最佳选择。

我的验证计划如下：首先让Claude（如因故无法访问，可用Windsurf搭配Claude Sonnet 4替代）读取CSV文件，验证其自身生成的HTML代码中的数据分析准确性。接着，依次验证其他工具生成的HTML代码，包括Cursor、Trae国际版、Trae国内版、Windsurf搭配o3-high-reasoning大模型和Windsurf搭配o3大模型（这些都分析了全部15 000条数据）。最后验证DeepSeek搭配R1大模型生成的HTML代码（仅分析了前700条数据）。

我启动Claude桌面应用，搭配Claude Sonnet 4大模型并开启“Extended thinking”模式。上传ai_job_dataset.csv和此前Claude生成的HTML数据看板文件后，我提交了如下提示词：

```
我已上传两个文件：一个 CSV 文件，以及一份基于该 CSV 文件生成的 HTML 格式数据分析报告。请帮我验证 HTML 报告中的分析结果是否与 CSV 原始数据相符。请按 HTML 报告中分析结果的顺序逐一核实。如有不一致，请告诉我基于 CSV 数据应得出的正确分析结果。另外，请保留你对 CSV 文件的分析结果，因为我稍后会提供其他版本的 HTML 格式数据分析报告，需要你进行同样的验证工作。
```

Claude首先分别列出了HTML看板分析数据中完全准确的部分、略有差异的部分和存在明显错误的部分。最终总结指出：在详细的数据分析方面（包括技能需求、薪资分析和国家/地区统计等），HTML报告（之前Claude生成的）表现极为准确，这些图表数据与原始CSV数据完全一致。然而，一些基本概览指标存在错误，尤其是职位类型数量和国家/地区数量的统计出现了明显偏差。

随后，我在同一对话中上传了此前由Cursor（搭配Claude Sonnet 4大模型）生成的HTML看板文件，并提交了新的验证请求：

```
我已上传基于之前提到的 CSV 文件生成的另一份 HTML 格式数据分析报告。请帮我验证 HTML 报告中的分析结果是否与 CSV 原始数据相符。请按 HTML 报告中分析结果的顺序逐一核实。如有不一致，请告诉我基于 CSV 数据应得出的正确分析结果。
```

Claude按相同方式分析了HTML看板数据的完全准确部分、轻微差异部分和明显错误部分，并给出了总结。随后，我采用同样的验证方法检查了其他版本，包括Trae国际版（搭配Claude Sonnet 4大模型）、Trae国内版（搭配Doubao Seed 1.6大模型）及Windsurf（分别搭配o3-high-reasoning和o3大模型）。

在验证Windsurf搭配o3-high-reasoning大模型生成的HTML看板时，Claude给出了"数据准确性方面表现完美！"的结论。看板中的所有数据（包括前20项技能需求、前20项国家/地区职位机会，以及0～19年工作经验的薪资数据）都完全准确。随后验证的Windsurf（搭配o3大模型）看板也达到了100%的准确率。尽管这两种搭配生成的HTML看板在美观度上不如其他氛围编程工具，但其完美的数据准确性让我对Windsurf搭配o3大模型刮目相看。

最后，我验证了DeepSeek（搭配DeepSeek-R1大模型）生成的HTML看板数据准确性，使用了如下提示词：

```
我已上传一份 HTML 格式的数据分析报告，该报告基于之前 CSV 文件的前 700 条数据生成。请帮我核实 HTML 报告中的分析结果是否与 CSV 前 700 条原始数据相符。请按照 HTML 报告中分析结果的顺序逐一验证。如发现任何不一致，请告诉我根据这 700 条 CSV 数据应得出的正确结果。
```

Claude验证DeepSeek生成的看板数据后得出了令人震惊的结论：根据对CSV文件前700条数据的详细检验，这份HTML报告（DeepSeek搭配DeepSeek-R1大模型生成）的数据准确性表现极差。统计卡片中的所有数据都出现错误：最高薪资职位的薪资被高估了4万美元，Python技能需求被高估了181%，职位最多的国家/地区的职位占比被高估了433%。此外，国家/地区的职位分布数据完全是虚构的，各经验级别的薪资数据也都系统性偏高。

最后，Claude贴心地对本次对话中验证的所有氛围编程工具组合生成的HTML数据看板进行了数据准确性排名，结果如表3-1所示。

表3-1　氛围编程工具组合生成的HTML数据看板的数据准确性

氛围编程工具组合	数据准确性	主要特点
Windsurf 搭配 o3	100%	所有数据完全准确
Claude 搭配 Claude Sonnet 4	约 90%	技能分析优秀，基础统计有误
Cursor 搭配 Claude Sonnet 4	约 75%	现代设计，薪资数据偏差
Trae 国内版搭配 Doubao Seed 1.6	约 60%	薪资预期合理，技能数据高估
Trae 国际版搭配 Claude Sonnet 4	约 20%	视觉精美，数据大部分虚构
DeepSeek 搭配 DeepSeek-R1 并开启深度思考模式	约 15%	准确性最低，数据完全虚构

通过表3-1中的排名可以发现一个有趣的现象：外观简陋的看板数据准确性较高，而外观精美的看板数据准确性却较低。如何能兼具数据准确性和视觉吸引力呢？这个问题其实有一个巧妙的解决方案：可以先用Claude、Cursor、Trae或DeepSeek生成一个视觉效果出众的综合数据看板；然后确定所需的数据分析维度，再用Windsurf搭配o3大模型进行精确分析；最后，将准确的数据填入美观的看板中。这样的数据看板就兼具数据准确性和视觉吸引力了。这启发了我总结出氛围编程多工具组合指导原则（参见1.7节）。

那么，除了表3-1列出的这些氛围编程工具与大模型组合外，其他工具与大模型的组合表现如何呢？

3.9　用其他氛围编程工具开发数据看板的体验

Trae国内版IDE（搭配Doubao Seed 1.6大模型，选择Agent模式）在看板外观设计上表现不错。它成功按照代码清单3-3的提示词生成了独立运行的HTML数据看板。虽然因为提示词未明确要求，看板包含了非预期的动态筛选功能，但通过追加提示可以修正这一问题。而当搭配DeepSeek-R1大模型时，Trae国内版生成的看板中只有一个卡片正常显示。这表明Trae国内版确实与自家的Doubao大模型配合得更好（这启发我总结出了1.7节中的氛围编程原厂优先指导原则）。

阿里的Lingma IDE（搭配开启了Thinking模式的Qwen3大模型，选择Agent模式）生成的HTML数据看板存在图表溢出卡片的问题。

除了之前已经介绍的DeepSeek和Claude，其他AI聊天应用的表现不尽如人意：天工只能读取数据集前40条数据；智谱清言仅支持Python数据分析，HTML技术栈支持不足；豆包（开启深度思考）生成了76 190行难以理解的HTML代码；元宝（搭配DeepSeek-R1大模型）生成的看板显示职位数量为0；Kimi（开启长思考k1.5）提示“对话长度超限”；而通义、阶跃AI、文小言、MiniMax、秘塔AI搜索、讯飞星火和纳米AI搜索则完全不支持上传CSV格式文件。

本章展示了如何使用氛围编程工具来分析和可视化上万条数据，并制作综合数据看板。那么，对于规模较小的数据集（如上百条记录），当需要通过特定规则提取关键数据时，应该如何运用氛围编程方法呢？

第4章

用Claude和通义等分析Excel数据

许多人在工作中都难以从大型Excel数据表中提炼关键数据。举个例子，当领导要求你从一个包含40多个部门互相有应收款项和应付款项记录的Excel表中，列出应收款项最大的3个部门时，你可能会感到为难，因为找公司IT部门帮忙需要漫长等待。但现在有了氛围编程，解决这个问题就很轻松。通过本章的学习，你将学会如何仅使用中文对话让通义生成一段Python代码，在半小时内完成这项任务。

4.1 需求分析

这个找出应收款项最大的3个部门的例子来自我的亲身经历。为了便于编入书中，我对需求进行了简化和脱敏处理，但依然保留了真实场景的核心特点。

假设你在未来交通设计院工作。一天，领导交给你一项任务：汇总该院41个部门之间的应收应付款项。这些款项源于部门间的人员借调（例如，当部门1借调部门2的设计师来完成项目时，这位设计师在借调期间的工时费就成为部门2应收部门1的款项，同时也是部门1应付部门2的款项），你需要从中找出应收款项排名前三的部门。

这个看似简单的需求实际上涉及大量数据处理。将所有信息整理成Excel表（参见本书配套代码中的ch04-tongyi/未来交通设计院部门对账表.xlsx文件，这个文件中的所有内容都是我让大模型虚构的）后，会形成一个41列（对应各部门）、82行（对应每个部门的应收和应付款）的表格，总计3 000多个数据点。即使只关注应收款项，也需要从约1 500个数据中筛选出前三名，如图4-1所示。

对账部门	应收应付	智慧高速公路设计所	跨海大桥工程研究中心	城市轨道交通综合设计院	综合交通枢纽规划所	隧道与地下工程设计中心	智能交通系统设计所	道路安全设施研发中心	港口航道设计研究所	铁路站场优化设计部	交通工程BIM应用中心	绿色交通设计研究所
智慧高速公路设计所	应收款		156867	141932	375838	269178	129879	120268	217892	64886	147337	485602
智慧高速公路设计所	应付款		14014	283237	28070	0	66958	92074	20729	240785	186089	207392
跨海大桥工程研究中心	应收款	447477		293821	187804	191415	49081	203928	365249	229930	291209	224532
跨海大桥工程研究中心	应付款	33321		294718	408456	184293	413694		196717	422478	390975	193868
城市轨道交通综合设计院	应收款	65318	404030		86077	362618	143515	479209	216988	345463	135885	381921
城市轨道交通综合设计院	应付款	431985	194374		471463	276997	497829	130900	492615	425008	69129	247091
综合交通枢纽规划所	应收款	109616	396309	96231		29623	208747	468298	486840	115228	436346	192828
综合交通枢纽规划所	应付款	151398	120091	142632		93186	429961	172962	161094	395773	455795	80316
隧道与地下工程设计中心	应收款	91889	63551	414772	430814		56819	345914	494271	430182	222781	463105
隧道与地下工程设计中心	应付款	39984	128947	214894	15901		232317	303199	178757	477181	155788	124099
智能交通系统设计所	应收款	354710	235942	155643	118255	270298		461157	68005	227322	199784	53541
智能交通系统设计所	应付款	91912	147660	362680	0	17345		427475	101006	491769	418568	139350
道路安全设施研发中心	应收款	249017		427480	462891	277219	479164		38365	475982	451416	283146
道路安全设施研发中心	应付款	138379	226992		186806	373809	491719		479924	485142	78803	442548
港口航道设计研究所	应收款	246731	245841	121041	126185	187164	466887	20350		373003	271570	78487
港口航道设计研究所	应付款	354296		179530	187241	148731	463830	249977		436009	123688	318617
铁路站场优化设计部	应收款	367886	55475	332286	0	167636	163484	103526	61001		202029	438733
铁路站场优化设计部	应付款	274237	285049	131759	427567	303125	346047	342965	381344		126506	487237
交通工程BIM应用中心	应收款	433291	412575	401192	0	52056	61831	331335	259664	394092		118117
交通工程BIM应用中心	应付款	120130	294308	176667	40257	417427	368133	408448	470969	62691		89768

图 4-1 未来交通设计院 41 个部门的对账表

由于公司的敏感信息不能外泄，如果要使用DeepSeek智能聊天应用等外网AI应用，需要先对数据进行脱敏处理。

回顾本节描述的需求，这个数据分析实战项目恰好适合使用Python来解决。下一步就是选择合适的氛围编程工具并搭配合理的大模型。根据1.7节中的氛围编程大模型升级指导原则，作为一名Python新手，我需要选择能力与口碑更强的氛围编程工具与大模型组合，因此我选择了Claude。

4.2 用Claude分析Excel数据

确定使用Claude后，我需要解决数据脱敏的问题。我仿照图4-1，用手工方式制作了一个数据表，表内的所有数据（包括部门名称）都是脱敏后的假数据。这样做有两个好处：既可以安心地将脱敏数据上传给大模型来生成Python代码，同时生成的代码也能在本地计算机上处理真实数据，避免了敏感信息通过外网泄露的风险。脱敏后的数据（参见本书配套代码中的ch04-tongyi/部门对账表-脱敏-样例.xlsx文件）如图4-2所示。

	A	B	C	D	E	F	G	H	I	J
1	对账部门	应收应付	部门01	部门02	部门03	部门04	部门05	部门06	部门07	
2	部门01	应收款		0	25	37		61	73	
3	部门01	应付款		14	26	38	0	62	74	
4	部门02	应收款	1		27	39	51	63	75	
5	部门02	应付款	2		28	40	52	64		
6	部门03	应收款	3	15		41	53	65	77	
7	部门03	应付款	4	16		42	54	66	78	
8	部门04	应收款	5	17	29		55	67	79	
9	部门04	应付款	6	18	30		56	68	80	
10	部门05	应收款	7	19	31	43		69	81	
11	部门05	应付款	8	20	32	44		70	82	
12	部门06	应收款	9	21	33	45	57		83	
13	部门06	应付款	10	22	34	0	58		84	
14	部门07	应收款	11		35	47	59	71		
15	部门07	应付款	12	24		48	60	72		
16										

图 4-2　脱敏后的数据

准备好脱敏数据后，我打开Claude桌面应用，搭配Claude Sonnet 4大模型，可以不用开启“Extended thinking”模式，上传“部门对账表-脱敏-样例.xlsx”文件，并提交了代码清单4-1所示的提示词。

代码清单 4-1　listings/L4-1.md

```
请编写 Python 代码分析我上传的 Excel 表中的数据。这张表是某企业各部门申报的应收和应付其他部门款项的对账表。示例：部门 01 申报应收部门 02 为 0 元，应付部门 02 为 14 元。我需要你只关注“应收款”，按金额从大到小排序，列出排名前三的相关部门和应收款项。输出格式如下：

1. 部门 06 应收部门 07.83 元
2. 部门 05 应收部门 07.81 元
3. 部门 04 应收部门 07.79 元

说明：请忽略表中的空白单元格，这些要么是相同部门交叉的无效数据，要么是尚未申报的数据。

另外，请提供在 macOS 系统上的运行指南 README，并说明创建和使用 Python 虚拟环境的具体命令。
```

Claude迅速生成了Python代码和README文档。我首先在“部门对账表-脱敏-样例.xlsx”文件所在目录下创建了子目录“claude-with-sonnet-4”，然后将Python代码保存为“analyze_receivables.py”文件。接下来，我按照README文档的说明，在macOS系统上执行以下命令：

```
# 在当前目录下创建本项目的 Python 虚拟环境，
# 以便与个人计算机的操作系统下的 Python 环境隔离
```

```
python3 -m venv receivable_env

# 激活虚拟环境
source receivable_env/bin/activate

# 在虚拟环境中安装本项目代码运行时需要的依赖包
pip install pandas openpyxl

# 运行本项目代码
python3 analyze_receivables.py ../部门对账表-脱敏-样例.xlsx
```

如果在Windows命令提示符（CMD）终端[①]中运行，则使用以下命令：

```
# 在当前目录下创建本项目的 Python 虚拟环境，
# 以便与个人计算机的操作系统下的 Python 环境隔离
python -m venv receivable_env

# 激活虚拟环境
receivable_env\Scripts\activate

# 在虚拟环境中安装本项目代码运行时需要的依赖包
pip install pandas openpyxl

# 运行本项目代码
python analyze_receivables.py ..\部门对账表-脱敏-样例.xlsx
```

程序成功显示了脱敏数据表中应收款项排名前三的部门。接下来，我对真实数据表运行命令：

```
python3 analyze_receivables.py ../未来交通设计院部门对账表.xlsx
```

出乎意料，程序运行时出现了错误：

```
正在分析文件：../未来交通设计院部门对账表.xlsx
识别到的部门：[]
没有找到有效的应收款数据
```

于是，我用以下提示词让Claude修复这个问题：

① 可以按键盘上的窗口键（一般在键帽上印有微软的品牌标识图标），然后在弹出的输入框中输入"cmd"，即打开Windows的命令提示符终端。

```
程序存在局限性。当我把部门名称的格式从“部门 0x”改为其他格式（如“智慧高速公路设计所”）
时，运行 Python 代码会显示：“识别到的部门：[]
没有找到有效的应收款数据”。请修复这个问题。
```

Claude回复指出代码中存在“部门”前缀被硬编码的问题，并迅速提供了修复方案。我用修复后的代码（参见本书配套代码中的ch04-tongyi/claude-with-sonnet-4/analyzie_receivables.py文件）重新分析真实数据表，成功显示出应收款项最大的3个部门。

分析完成后，我使用以下命令退出Python虚拟环境：

```
deactivate
```

完成了Claude上的实战项目后，可以根据1.7节中的氛围编程大模型降级指导原则在免费的通义上复现这个项目。这会使目前无法使用Claude的读者也能通过氛围编程完成类似的任务。

4.3　用通义分析Excel数据

通义[①]是阿里巴巴集团旗下阿里云开发的AI聊天应用，具备人机交互、问答和协作创作等功能，其搭配的大模型（名为Tongyi Qianwen，简称Qwen）于2023年4月开始面向企业用户进行定向测试，并于同年9月13日正式向公众开放。2025年4月29日，阿里自研的大模型Qwen3（千问3）宣布开源，推出了8款不同规模的大模型版本。截至本书撰写时，阿里已开源超过200个大模型，全球下载量突破3亿次。

访问通义网页端后，依次进行以下操作：点击左上角的“新建对话”按钮，在提示词输入框左上角开启“深度思考”，通过左下角的上传按钮（ ）导入“部门对账表-脱敏-样例.xlsx”文件。完成这些准备工作后，在提示词输入框中输入代码清单4-2所示的内容。

代码清单 4-2　listings/L4-2.md

```
请编写 Python 代码分析上传的 Excel 表中的数据。该表是企业内部各部门申报的应收应付对账表。
例如：部门 01 申报应收部门 02 为 0 元，应付部门 02 为 14 元。我需要分析“应收款”数据，按
金额降序排列，输出排名前三的相关部门和应收款项。输出格式如下：
```

① “通义”是阿里目前的AI聊天应用的名字。之前的名字是“通义千问”。“通义千问”是阿里在2023年9月首次发布的大语言模型和配套AI聊天应用的品牌名。2024年5月，阿里将“通义千问”应用（即本书中提到的通义聊天应用）更名为“通义”，而“通义千问大模型”则简称为“Qwen”（千问）。

```
1. 部门06应收部门07.83元
2. 部门05应收部门07.81元
3. 部门04应收部门07.79元

说明：表中的空白单元格（包括相同部门交叉处的无效数据和未申报数据）将被忽略。

另外，请提供macOS系统的运行指南README，包含Python虚拟环境的创建和使用命令。代码应具有部门名称识别的灵活性，使其在部门名称格式改变时（如从“部门0x”变为“智慧高速公路设计所”）仍能正常工作。
```

吸取了之前使用Claude时的经验教训，我特意在提示词中加入了“具有部门名称识别的灵活性”的要求，如图4-3所示。

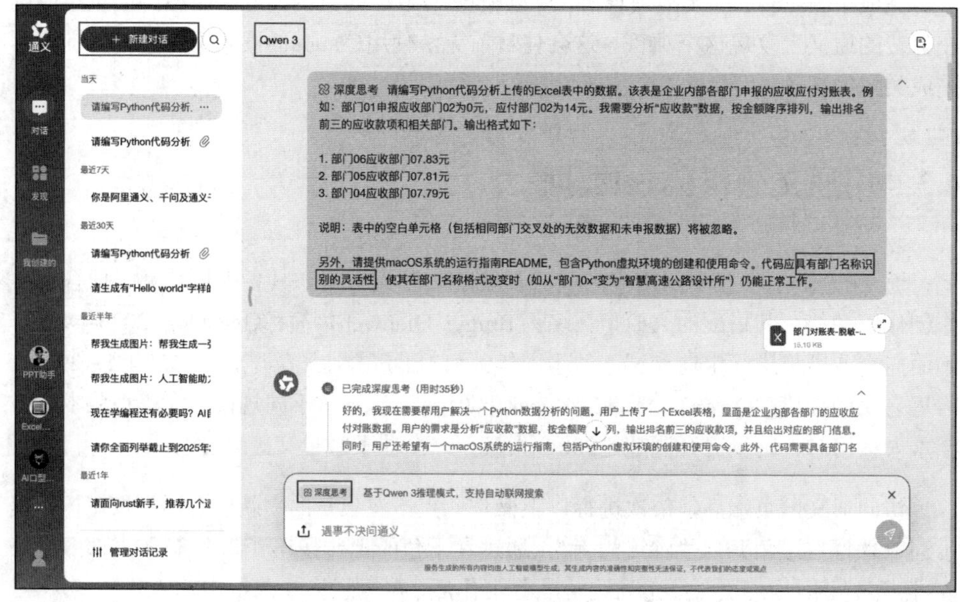

图4-3　用通义生成分析Excel数据的Python代码

通义迅速生成了Python代码和运行指南，但当我按照指南操作时却遇到了错误：

```
FileNotFoundError: [Errno 2] No such file or directory: '对账表.xlsx'
```

查看代码后发现，通义生成的程序将数据文件名硬编码为“对账表.xlsx”，而没有使用命令行中提供的参数。因此，我用以下提示词追问：

```
请修改代码，让它能从命令行参数获取要处理的文件名。例如，运行“python3 analyze_receivables.py ../部门对账表-脱敏-样例.xlsx”时，程序应处理“../部门对账表-脱敏-样例.xlsx”文件。
```

通义生成的修改版代码运行良好。无论处理脱敏数据表还是实际数据表，程序都能准确输出排名结果。

为了帮助习惯使用其他氛围编程工具的读者完成本章的实战项目，我还使用多种不同的氛围编程工具进行了Excel数据分析。

4.4 用其他氛围编程工具分析Excel数据效果对比

DeepSeek（搭配DeepSeek-R1大模型）表现最为优异。在DeepSeek网页端使用DeepSeek-R1大模型（开启深度思考）并上传脱敏数据表后，提交代码清单4-2所示的提示词，首次对话就能获得可靠的Python代码，成功列出脱敏和真实数据表中排名前三的部门。

Cursor（搭配Claude Sonnet 4大模型）表现良好。虽然首次对话生成的Python代码出现了将应付款误认作应收款的逻辑错误，但经过一次修复对话后立即得到了正确结果。

Lingma IDE（搭配Qwen3大模型，开启Agent模式）表现欠佳。在提示词输入框中，无论使用“#”还是点击“+”按钮，都无法找到中文文件名“部门对账表-脱敏-样例.xlsx”，导致无法将文件导入上下文。

腾讯元宝网页端（搭配混元T1-DeepThink大模型）表现不尽如人意。提交代码清单4-2的提示词后，系统在生成Python代码时就自动中断。重试后虽然完整生成了代码，但在生成README运行指南时又出现中断。

Trae国内版（搭配Doubao Seed 1.6大模型）首次生成的Python代码存在逻辑错误，无法正确计算排名前三的部门的应收款项。

Trae国内版（搭配DeepSeek-R1大模型）首次生成的代码运行时报错：“ValueError: The truth value of a Series is ambiguous”（值错误：Series的真值有二义性）[①]。

① 这个错误是因为AI生成的Python代码试图将包含多个`True`/`False`值的pandas（一款Python代码库）`Series`（一维数据结构）直接用作`if`条件判断，但Python不知道该如何将多个布尔值转换为单一的`True`或`False`。正确的解决方法是使用`.any()`（任意一个为真）或`.all()`（全部为真）来明确指定判断逻辑。

Trae国际版（搭配Claude Sonnet 4大模型）首次生成的代码同样运行失败，报错："读取文件时出错：The truth value of a Series is ambiguous"。

本章和第3章展示了如何通过氛围编程工具生成单个源代码文件。那么，当遇到需要在一次对话中生成像微信小程序这样多达几十个代码源文件的场景时，由于难以将全部文件一个个上传给AI聊天应用，该如何进行氛围编程呢？

第三部分　快速

第 5 章

用Trae实现微信小程序

微信是一款不可或缺的国民级手机应用。2025年5月14日腾讯发布的2025年第一季度财报显示，微信月活用户增长3%，突破14亿。微信小程序日活用户超过8亿，其中电商类小程序用户占比达45%。在电商、金融和本地生活服务增长的推动下，企业对定制微信小程序的需求十分旺盛。

以往入门微信小程序开发需要先掌握前端开发知识，这是一个漫长的过程。而现在有了氛围编程，这个入门过程可以大大缩短。通过本章学习，即使你不具备HTML、CSS和JavaScript的知识，也能掌握如何从零开始让Trae国际版生成一个极简版的“减少AI幻觉”的微信小程序。你可以通过研究这些代码来进行高效学习——所有这些只需半天时间就能完成。

5.1 需求分析

本章实战项目要实现的“减少AI幻觉”微信小程序与第2章中的扣子智能体功能相同——在用户的初始提示词后一键添加“减幻”提示词。具体来说，当用户输入并提交初始提示词后，系统会自动添加两句辅助提示，将其转化为“减幻”提示词：

- “请为每个主要观点提供至少 3 个不同来源的出处的网页链接以便我查验”；
- “如果你不知道或查不到，就实说，不要编造”。

【避坑指南】如果提示词使用了口语、错别字或错误的标点符号会怎样？

简单来说，即使你在提示词中使用了带有缩略形式的口语、错别字或错误的标点符号，只要没出现二义性或把意思表达偏了，那么大模型一般还是能很好地理解你的意图。例如，氛围编程者在让大模型使用上面两句辅助提示词生成微信小程序时，可能会在“出处的网页链接”的“出处”后面少写一个“的”；又例如第二句可能完全不写逗号，或者在“如果”的“如”后面少写一个“果”，又或者把“实说”错写成“直说”。有趣的是，当把这些有语病或错别字的提示词提交给大模型时，大模型仍能很好地理解。这启发我总结出氛围编程提示词不完美指导原则（参见1.7节）。

用户可以复制优化后的提示词，并将其粘贴到其他AI聊天应用中使用。这样在收到AI回复后，用户就能通过点击提供的网页链接来验证AI回答的准确性。

此外，用户可以通过“分享”按钮将小程序分享给微信好友，也可以使用“新优化”按钮清空当前提示词，开始新一轮优化。

传统的微信小程序开发需要使用微信开发者工具。然而，微信开发者工具尚未支持氛围编程功能，应该如何用氛围编程方式来开发微信小程序呢？

5.2 用氛围编程开发微信小程序

虽然微信开发者工具尚未支持氛围编程，但可以同时打开两个工具：微信开发者工具和氛围编程工具（如Trae国际版或免费的Trae国内版，因为这两款AI原生IDE在国内比较火热），让它们打开同一个项目目录。只要在微信开发者工具左侧手机界面预览上方开启“热重载”开关，氛围编程工具对项目代码的修改就能实时反馈到微信开发者工具中，从而实现微信小程序的氛围编程，如图5-1所示。

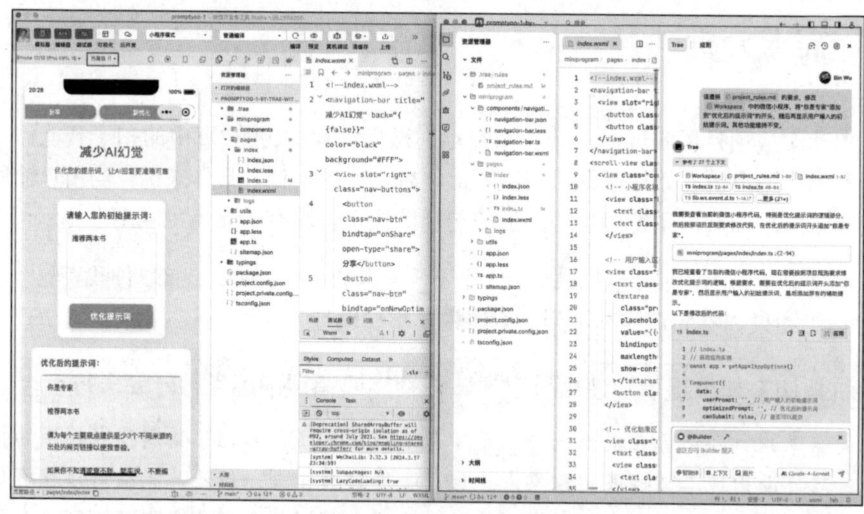

图 5-1　用微信开发者工具（左）和 Trae 国际版（右）打开同一个项目目录进行氛围编程

【避坑指南】为何不用 DeepSeek 和 Claude 这些 AI 聊天应用氛围编程工具开发微信小程序？

主要原因是操作不够便捷。以后面将要介绍的微信开发者工具生成的Hello World（能够运行的最小版的小项目，一般用来检验开发环境搭建是否能满足程序的正常运行）小程序的代码为例，它需要27个源代码文件。虽然AI聊天应用也能一次性生成所有这些文件，但当文件较多时，你需要将它们全部复制并粘贴到本地文件里，或一个个下载AI聊天应用所提供的源文件并存储到本地计算机。如果这些文件在本地运行时出错，你很难在提示词中准确向AI聊天应用描述出错代码的具体位置，还需要手动复制并粘贴错误消息到提示词窗口，这个过程相当烦琐。

相比之下，使用集成开发环境（IDE）形式的氛围编程工具更加高效。因为所有代码都存储在IDE中，通过IDE内置终端运行代码时产生的错误消息可以直接被氛围编程工具获取，你可以轻松引用这些代码和错误消息来提问，使用体验更加流畅。

现在氛围编程的开发工具问题已经解决，但作为小程序开发新手，还不会编写小程序。该如何起步呢？是否应该直接用自然语言让Trae国际版生成小程序代码，然后在微信开发者工具里查看？这种方法虽然可行，但并不推荐。原因是小程序开发新手通常不了解微信小程序当前流行的技术栈应该如何选择，也不清楚各种技术栈的特点、优势、劣势和适用场景。因此，新手第一次写提示词往往不会涉及技术栈的选型。这样一来，AI生成的代码技术栈就会处于无序状态，如果技术栈选择不当，后期维护项目代码时会带来诸多不便。此外，直接上手开发“减少AI幻觉”的微信小程序，难度可能过大，不如先从简单的Hello World小程序开始。

基于以上原因，我决定先用微信开发者工具创建一个可运行的Hello World小程序，然后再在此基础上添加“减少AI幻觉”的功能。

5.3　用微信开发者工具创建Hello World小程序

微信开发者工具是微信团队开发的一款IDE，可用于编辑、运行和调试代码，并通过预览界面实时查看小程序在手机上的运行效果。如果还未安装微信开发者工具，可以参考附录A.4进行安装。

安装完成后，打开微信开发者工具，会首先看到一个扫码界面。使用手机微信扫码登录后，即可进入微信开发者工具的主页面，如图5-2所示。

图 5-2 微信开发者工具的主页面

点击图5-2中央大大的“+”号图标，即可进入创建小程序的页面，如图5-3所示。

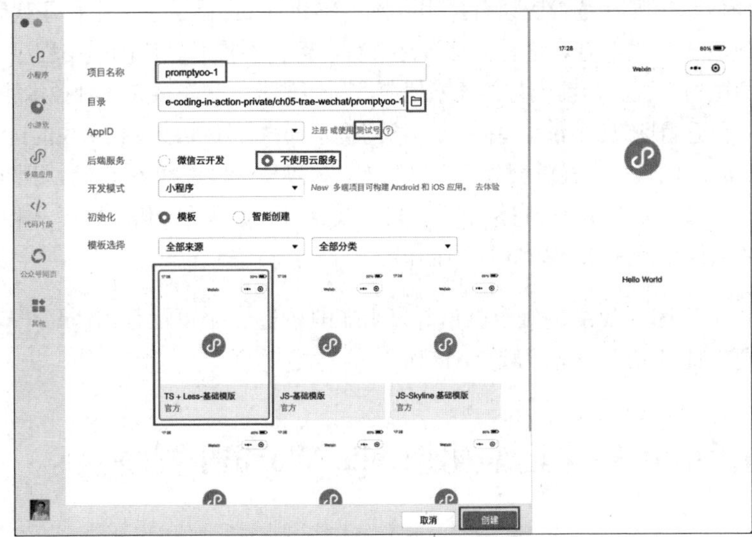

图 5-3 创建小程序的页面

根据图5-3所示的创建小程序页面，需要填写以下内容。

- 项目名称：promptyoo-1。
- 目录：点击右侧的目录按钮（🗀），选择计算机上合适的目录（如“ch05-trae-wechat”），创建空目录“promptyoo-1”并选择它。

- AppID：点击右侧的“测试号”链接，使用测试号（后续发布时可在别处更换为正式AppID）开发小程序。
- 后端服务：选择“不使用云服务”（免费选项）。
- 模板选择：选择“TS + Less-基础模版”。

最后，点击右下角的“创建”按钮即可创建Hello World小程序。

【避坑指南】面对“模板选择”中那么多技术栈模板，如何选择？

作为小程序开发新手，该如何选择技术栈模板？可以先点击图5-3中“模板选择”右侧的两个下拉菜单，依次选择“官方”和“基础”，这样就能看到6个基础技术栈供选择。为了选择合适的技术栈，我向Claude提交了这样的提示词：“你是微信小程序开发专家。请你解释微信开发者工具中‘官方’和‘基础’模版中下面6个模版各自的特点、优势、劣势和适用场景，然后为我推荐2025年哪个模版更加主流，并说明理由：（1）TS + Less-基础模版；（2）JS-基础模版；（3）JS-Skyline-基础模版；（4）TS + Sass-基础模版；（5）TS-基础模版；（6）TS-Skyline-基础模版。”Claude的建议是：首选“TS-基础模版”（因为TypeScript提供了JavaScript所不具备的类型安全特性，可以减少bug），其次是“TS + Less-基础模版”（适合需要定制样式的项目，且Less框架的语法接近原生CSS，容易上手）。考虑到未来可能需要调整样式，我最终选择了后者。

新创建的Hello World小程序在页面底部显示了一行“Hello World”文本，如图5-4所示。

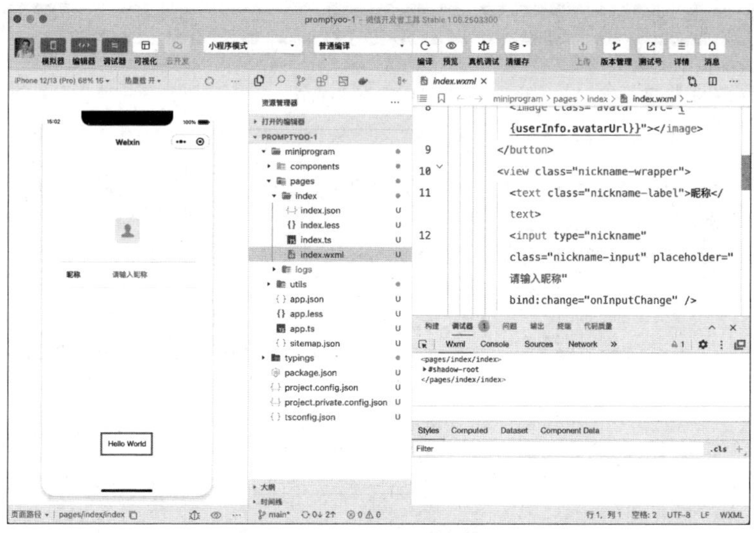

图5-4　微信开发者工具生成的Hello World小程序

当在微信开发者工具的左侧预览框中看到小程序正常显示，且右下角“调试器”中没有错误消息时，就说明已经为下一步开发“减少AI幻觉”小程序打下了良好的基础。

5.4 用Trae国际版实现“减少AI幻觉”小程序

由于微信小程序通常包含几十个文件，因此使用AI原生IDE或传统IDE的AI插件来实现会更加合适。这些工具不仅能高效管理文件，还可以在与大模型对话时方便地引用文件内容和运行错误消息。我尝试了3种工具来生成“减少AI幻觉”小程序：付费的Trae国际版Pro（搭配Claude Sonnet 4大模型）、免费的Visual Studio Code中的腾讯云代码助手CodeBuddy插件（搭配混元大模型）以及免费的Trae国内版（搭配Doubao Seed 1.6大模型）。这3种方式都成功完成了开发。考虑到篇幅限制，以及对微信小程序开发新手的友好性，根据1.7节中的氛围编程大模型升级指导原则，本章将重点介绍使用Trae国际版的过程。

用Trae国际版打开之前Hello World小程序所在的目录“ch05-trae-wechat/promptyoo-1-by-trae-with-claude-4-sonnet”。在Trae右侧的对话框中，选择搭配Claude Sonnet 4大模型，并启用@Builder智能体模式（专门用于从头构建完整的项目代码）。随后，提交代码清单5-1所示的提示词。

代码清单 5-1 listings/L5-1.md

```
请在#Workspace中基于微信开发者工具“TS + Less-基础模版”创建一个名为“减少AI幻觉”的小程序（需先删除原有Hello World页面的所有元素）。该小程序旨在帮助用户解决AI聊天应用产生幻觉的问题。

小程序的核心功能是优化用户输入的提示词。当用户输入初始提示词后，系统会自动添加两句辅助提示，将其转化为“减幻”提示词：
- “请为每个主要观点提供至少3个不同来源的出处的网页链接以便我查验”
- “如果你不知道或查不到，就实说，不要编造”

用户可以复制优化后的提示词用于AI聊天，并可通过点击AI回复中的网页链接验证信息可靠性。

用户界面包含以下元素：
- 小程序名称
```

- 简介
- 用户初始提示词多行输入框
- 提交按钮
- 优化后的提示词结果框
- 复制按钮
- 界面顶端右侧的“分享”和“新优化”按钮

其中，“分享”按钮用于将小程序分享给其他微信好友，“新优化”按钮用于清空输入框和结果框的内容，方便用户进行下一次优化。

代码清单5-1中的“#Workspace”指的是Trae打开的完整项目代码，如图5-5所示。

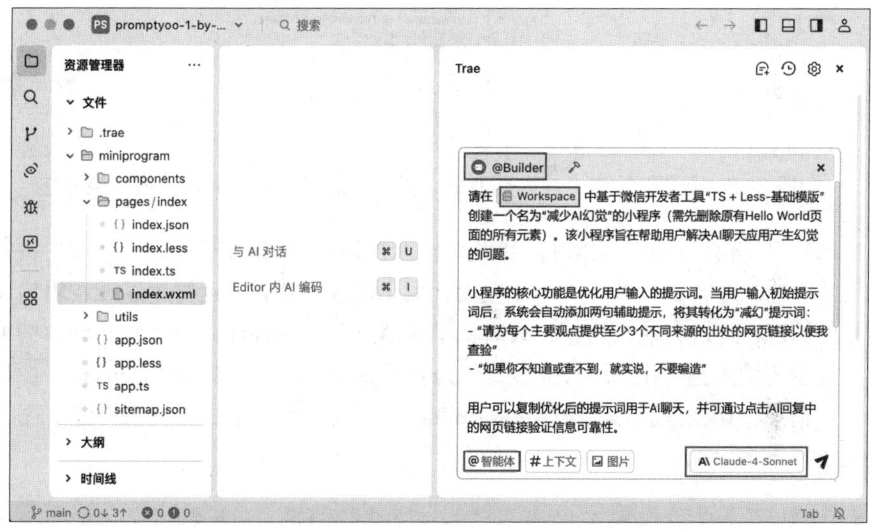

图5-5 “#Workspace”表示Trae打开的完整项目代码

代码生成完毕后，点击提示词输入框右上角的“Accept All”按钮。切换到微信开发者工具查看时，我发现调试器右下方出现了两个红色叉号和两个黄色惊叹号图标。点击这些图标后，右下方名为“Console”的面板显示出“渲染层错误”，如图5-6所示。

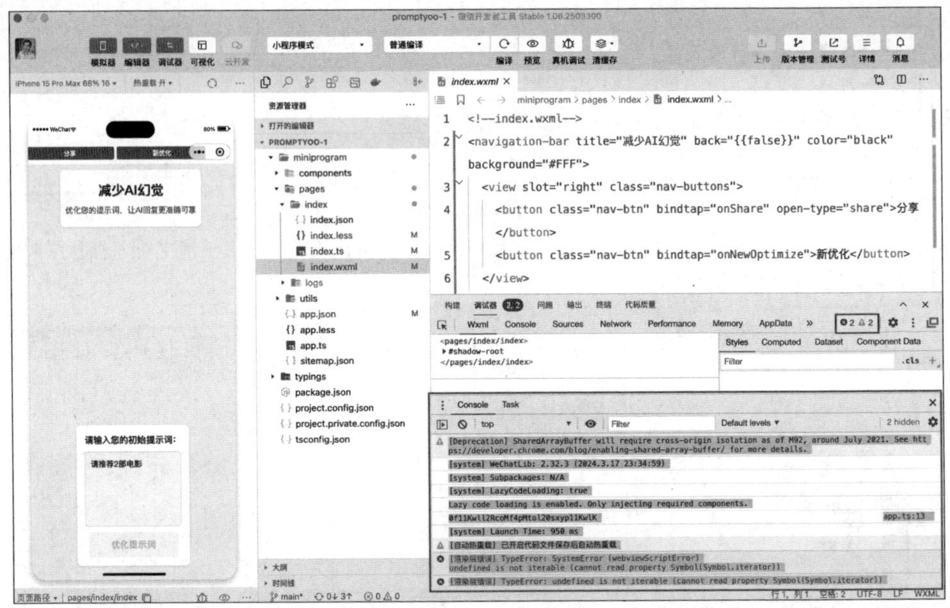

图 5-6　微信开发者工具运行 Trae 首次生成的代码时出现渲染层错误

在图5-6左侧的预览区测试时，我发现输入初始提示词后，“优化提示词”按钮呈灰色无法点击。这种氛围编程工具生成的代码出现编译错误、运行错误或逻辑错误是很常见的情况。解决方法很简单：只需将错误消息和问题描述完整地复制到氛围编程工具的提示词输入框，让它进行修复。于是我从微信开发者工具的“Console”面板复制了错误消息，切换回Trae，关闭“@Builder”模式（因为不需要从头构建小程序），并提交了以下提示词：

```
我在微信开发者工具中运行，输入初始提示词后，“优化提示词”按钮还是灰色，无法点击。另外发现错误：（完整的错误消息，略）
```

Trae首先列出了我提出的两个问题，随后评审代码，找出了原因并提供解决方案，最后给出了index.ts和index.wxml两个文件的修正代码。由于我已关闭“@Builder”模式，因此我需要手动接受这些修改。我点击了这两个文件修正代码区域右上方的“Apply”按钮，让Trae自动在相应文件中定位并修改代码，然后点击提示词输入框右上方的“Accept All”按钮来保存修改。

接着，我返回微信开发者工具，点击图5-6右下方“Console”下的⊘按钮来清空错误消息（即使代码已更新，之前的运行错误也不会自动消失）。在左侧预览区测试时，“优化提示词”按钮这次可以正常点击，“复制提示词”按钮也能正常工作，而且

Console中没有出现任何错误消息。至此，这轮迭代完成，可以提交代码了。

尽管Trae生成的代码在微信开发者工具的预览区域运行正常，但它能在手机上正常运行吗？

5.5　预览小程序

要想在手机上预览并试用小程序，可以点击微信开发者工具上方工具栏中的预览按钮（◎），之后会在下方出现一个二维码，同时界面底部的“代码质量”界面也会显示代码压缩是否通过的状态报告。如果发现报告中出现JS文件压缩“未通过”的提示，如图5-7所示，那么只需点击微信开发者工具右上方的“详情”按钮，再点击“本地设置”选项卡，勾选“上传代码时自动压缩脚本文件”，然后再次点击预览按钮，JS文件压缩“未通过”的提示就会消失。

为什么点击预览按钮后微信开发者工具会压缩源代码文件？这是为了提高小程序的运行性能。代码包的大小会直接影响下载时间，从而影响用户启动小程序的体验。通过压缩，代码包能更快下载，让小程序启动更加迅速。

我扫描了图5-7中的二维码，在手机上试用小程序后，确认所有功能均运行正常。接下来可以将这个小程序上传至微信小程序平台，进行发布前的体验测试了。

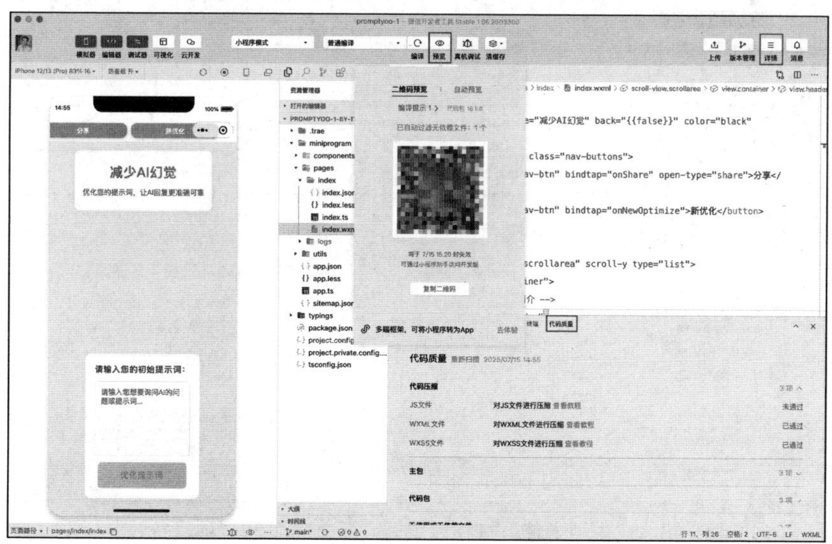

图5-7　点击预览按钮后用手机扫码预览并试用

5.6　体验小程序

要将小程序上传到微信小程序平台，需要将AppID从测试号更换为正式的AppID。如果继续使用测试号，微信开发者工具界面右上方的“上传”按钮会呈现灰色且无法点击，同时会提示“测试号AppID无法使用当前功能，请使用正式的AppID”。

如果还没有正式的小程序AppID，可以通过浏览器访问微信公众平台官网。进入后不要扫描二维码，而是点击“账号分类”下方的“小程序”链接，按照页面提示免费注册。注册过程中需要提供电子邮箱地址以接收验证码，用于激活微信小程序账号。

获得正式小程序账号后，就可以替换测试号并上传小程序了。首先用微信开发者工具打开小程序项目目录，点击界面右上方的“详情”按钮，选择“基本信息”选项卡，找到AppID并点击右侧的“修改”按钮进行替换。

完成替换后，“上传”按钮将变为可点击状态。点击“上传”按钮后会弹出对话框，需要输入“版本号”和“项目备注”，如图5-8所示。作为首次发布，可以将版本号设为1.0.0。在项目备注中可以描述此次发布的主要功能或修复的问题。

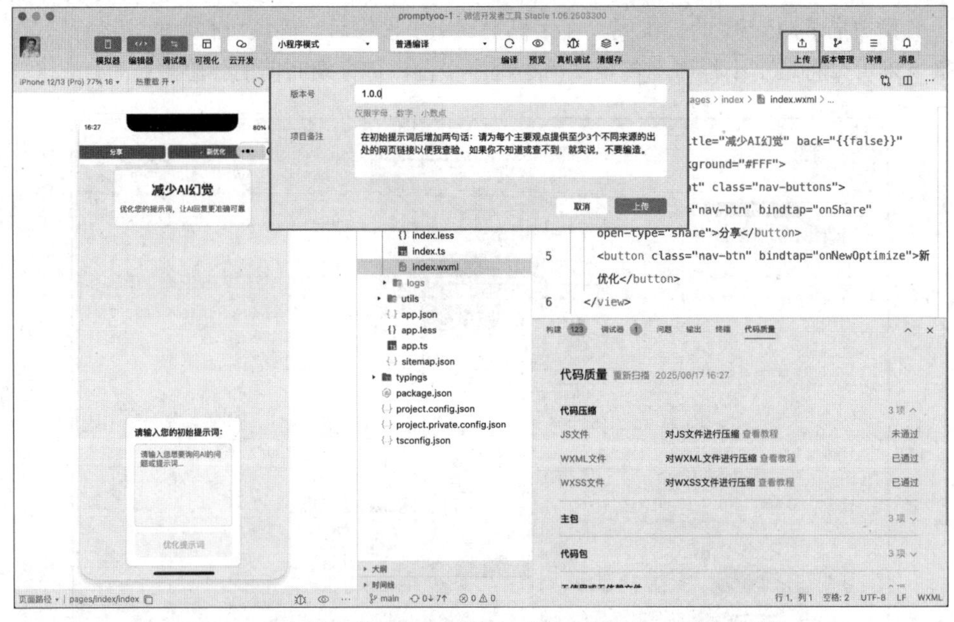

图5-8　点击“上传”按钮后填写“版本号”和“项目备注”

【避坑指南】版本号中的 3 个数字代表什么？如何确定版本号？

可以参考语义版本控制（semantic versioning）规则来定义版本号，版本号的格式为“MAJOR.MINOR.PATCH”，其中的MAJOR、MINOR和PATCH均为整数。从左往右，第一个数字（MAJOR）增加1表示软件对外接口API发生了不兼容的更改。不过，对于这个小程序，由于没有对外接口API，可以变通为：当用户使用方式发生重大变化时，将第一个数字增1。对于初始版本，这个数字一般是1（功能不稳定时可用0）。第二个数字（MINOR）表示添加了新功能，且用户使用方式保持不变。第三个数字（PATCH）表示修复了bug，且保持原有功能不变。

填写完“版本号”和“项目备注”后，点击“上传”按钮。上传成功后，会看到“代码上传成功”的提示。接下来，在浏览器中访问微信公众平台官网，扫描二维码并用小程序账号登录后台界面。在左侧菜单中，点击“管理”展开子菜单，选择“版本管理”。在右侧的版本管理界面底部，会看到刚上传的1.0.0版本。点击“提交审核”旁边的小箭头，从弹出菜单中选择“选为体验版本”，如图5-9所示。此时会出现一个包含“体验版已生效”提示和二维码的对话框。扫描这个二维码即可开始体验测试。

图 5-9　在微信公众号平台小程序后台“版本管理”界面点击“选为体验版本”

如果自己在手机上体验后，想将小程序分享给其他微信好友来体验并收集反馈，那么可以在小程序后台左侧边栏“管理”菜单下点击“成员管理”菜单项，然后在右侧出现的“成员管理”界面底部的“体验成员”里添加微信好友的微信号，并勾选“查看体验版”，如图5-10所示，这样好友就能点开分享链接试用了。

图 5-10　在微信公众号平台小程序后台“成员管理”界面中添加“体验成员”

如果在手机上进行体验测试后，发现需要在正式发布前完善某些功能（例如让小程序界面更加简约大气，并将界面主题改为淡绿色），应该如何修改小程序呢？

5.7　修改小程序

要修改小程序，直接告诉Trae需要改动的地方看似最简单直接，但这种方法存在风险：Trae可能会遗忘之前生成代码的功能逻辑，在修改过程中不经意地破坏已实现的功能，导致“进一步，退两步”的情况。那么，如何避免这个问题呢？

一个解决方案是将整个项目的氛围编程需求（包括实现技术栈描述）放入项目规则（project rule）文件中。项目规则是氛围编程工具常用的提示词复用方法，它以自然语言形式存储在Markdown格式的文件中。通过在提示词中引用项目规则，可以让大模型保持对项目重要上下文的记忆，确保后续的代码生成始终遵循一致的规则。

要创建项目规则，可以点击Trae界面右上角的设置按钮（⚙），然后点击“规则”。在出现的页面中，点击“创建project_rules.md”按钮，这会打开“.trae/rules/project_rules.md”文件。该Markdown格式的文件初始处于预览状态且无法编辑。点击文件右上方的编辑图标（✎）即可进入编辑状态。然后，在其中填写本项目的氛围编程需求如下：

```
“减少 AI 幻觉”的微信小程序氛围编程需求
该程序旨在帮助用户避免 AI 聊天应用产生幻觉问题。
该微信小程序是基于 TypeScript 和 Less 框架进行开发。
（同代码清单 5-1 所示的提示词，略）
界面采用 2025 年流行的简约大气设计风格，主题色为淡绿色。
```

这个氛围编程需求的内容与代码清单5-1中的提示词基本相同，我只在其中添加了两处内容：一是在第3行指定“TypeScript和Less框架”作为技术栈，二是在最后一行增加了用户界面的新要求。

接下来，关闭Trae提示词输入框上方的“@Builder”模式（因为这次不是从头生成代码），然后提交新的提示词。在新提示词中，我使用“#project_rules.md”引用了项目规则，这个引用方式也可以在后续的提示词中继续使用。

```
请遵照#project_rules.md的要求将#Workspace中的微信小程序的界面改为2025年流行的简约大气设计风格，主题色为淡绿色。其他实现功能保持不变。
```

Trae修改了index.less和navigation-bar.less文件。点击“Apply”和“Accept All”按钮后，先在微信开发者工具左侧预览区进行测试，再通过预览按钮在手机上试用，效果令人满意。随后，点击“上传”按钮，将版本号更新为“1.1.0”（由于只改变了用户界面主题颜色，没有修改使用方式或修复bug，因此仅将第二个数字加1）。在“项目备注”中，我简述了此次更新对用户界面设计的调整。最后在手机上再次测试，确认所有功能运行正常，可以准备发布上线了。

5.8　发布小程序

发布小程序的流程很简单。首先点击图5-9所示页面中“开发版本”右侧的“提交审核”按钮，然后按界面提示操作即可。在“提交审核”页面底部的“用户隐私保护指引设置”处，由于本程序未采集用户隐私，所以点击“未采集用户隐私”选项。提交后等待1～7天即可收到审核结果。如需查看审核进度，可通过浏览器访问微信公众平台官网，扫码登录小程序后台，在“管理”菜单下选择“版本管理”查看。审核通过后，小程序即完成上线，可供用户正常使用。

本章实现的小程序本质上是一个运行在微信平台上的Web应用。由于功能相对简单，代码清单5-1中的提示词并不长。但如果要开发一个功能更复杂的减少AI幻觉Web应用（例如包含提示词优化历史管理和用户管理），提示词长度可能是代码清单5-1的10倍。那么，如何在氛围编程工具中，用这样一段较长的提示词仅在单次对话中就生成一个可运行的Web应用呢？

第6章

用bolt和Trae等4款工具快速实现Web产品原型

在1.2.9节中提到，大模型在生成内容时会因为5个原因产生幻觉。当生成内容是代码时，这些幻觉可能导致运行时错误，或者代码虽能运行但结果不符合预期。即便将错误消息反馈给氛围编程工具请求大模型修复，有时甚至多次尝试也无法解决问题。如果使用氛围编程以小步迭代方式开发一款完整的Web产品原型，AI在每一步都可能产生幻觉。这种方法不仅耗时，而且每一步都可能遇到运行错误，用户体验较差。对缺乏编程经验的用户（尤其是想快速生成可运行产品原型的产品经理）而言，这无疑是一个很大的障碍。不过，通过精心设计提示词并选择合适的氛围编程工具与大模型的搭配组合，还是可以实现“单次对话即成功”——在单次对话中生成既能成功运行，又能满足80%以上需求的代码。

通过本章的学习，你将掌握如何为云AI IDE Bolt.new编写长达几页的高质量提示词，实现“单次对话即成功”，从而构建一个功能完整的名为“Promptyoo-1”的Web应用产品原型，以通过自动优化提示词减少AI幻觉，并能连接DeepSeek API进行智能提示词优化。“单次对话即成功”不仅能提高氛围编程效率，还能改善编程体验。随后，你将学习使用Trae修复剩余bug，并使用Cursor生成架构图来可视化代码结构，便于后续研究代码。

要实现“单次对话即成功”的目标，要先做Promptyoo-1 Web应用产品原型的需求分析。

6.1　需求分析

本章要实现的Promptyoo-1 Web应用产品原型的需求与第2章和第5章中的“减少AI幻觉”应用的功能类似，都是一方面能帮助用户将随手写的原始提示词润色得更加清晰流畅，让大模型更好地理解用户意图，另一方面能自动在提示词后面添加提供出处的网页链接和不要编造的辅助提示词，用于减少AI幻觉，免去用户每次都手动添加的麻烦。

Promptyoo-1确实帮我完成了这两项任务。在完成本章后，我在计算机上一直开着一个终端窗口运行着新开发的Promptyoo-1产品原型，随时用它来优化AI提示词，如图6-1所示。

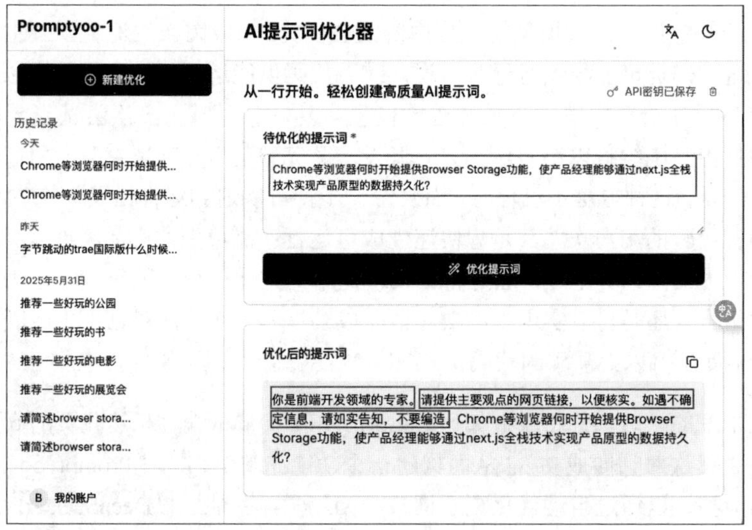

图 6–1　Promptyoo–1 自动在提示词中增加角色和两句辅助提示词

当使用图6-1中的“优化后的提示词”向DeepSeek（需要打开“联网搜索”模式）提问时，其回复会在每个主要观点后附带对应的文章链接。这样可以直接点击链接查看原文，轻松验证回答的准确性，如图6-2所示。

仔细查看图6-1，这款提示词优化工具还包含多个常见功能：用户管理（左下角的“我的账户”显示已登录状态）、历史记录管理，以及右上角的中英文界面切换和深浅色主题显示模式切换。虽然这些功能看起来需要几天时间来实现，但只要提示词设计得当并选择合适的氛围编程工具并搭配口碑良好的大模型，仅需单次对话就能在几分钟内完成90%的功能开发。

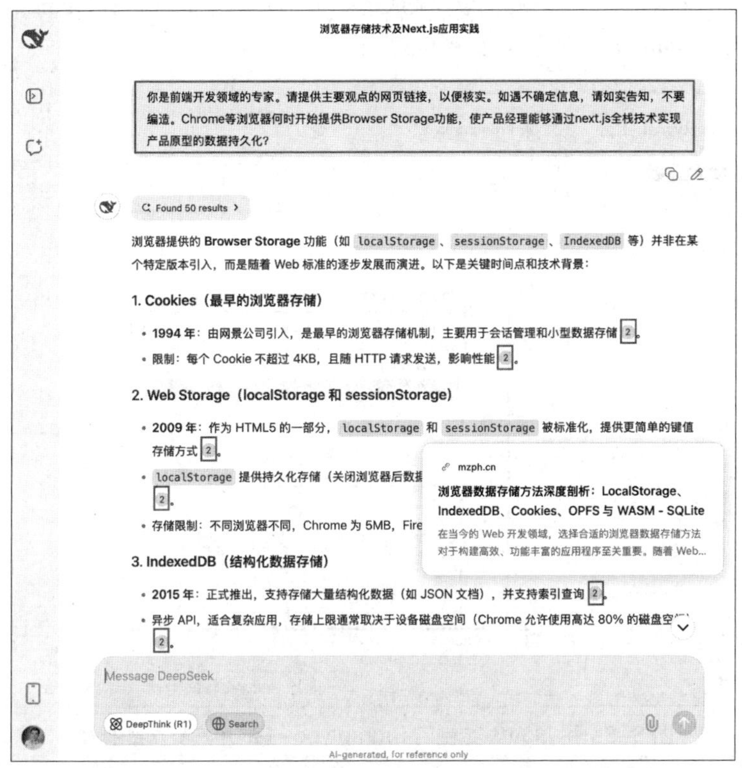

图 6-2　DeepSeek 根据优化后的提示词的要求在主要观点后面附上了文章链接

为了实现这一目标，我花了整整一天来反复测试和优化提示词。这个过程的核心目标是让云端氛围编程工具Bolt.new（以下简称bolt，其详细介绍见6.1.1节中的避坑指南）通过一次对话就能生成一个功能完整、运行正常的应用。生成应用后，可以将其下载到本地个人计算机，再使用本地AI原生IDE Trae国际版来修复bolt生成代码中剩余10%的bug。这种开发方法非常适合那些不熟悉JavaScript却想快速开发Web应用的用户——它既充分发挥了氛围编程助手的优势，又避免了传统小步迭代开发中遇到的大量运行错误。为了充分展示本书“通过实战来避坑”的宗旨，接下来我将详细介绍这个探索过程。

6.1.1　描述业务需求

人们常说“一图胜千言”，有了上面的想法后，我便用Figma绘制了Promptyoo-1

的用户界面线框图来展现我的构思（你也可以尝试用纸笔手绘，然后让AI聊天应用识别并用文字描述，作为将来编写代码生成提示词的素材。此处选择Figma是考虑到产品经理一般对Figma更加熟悉），如图6-3所示。

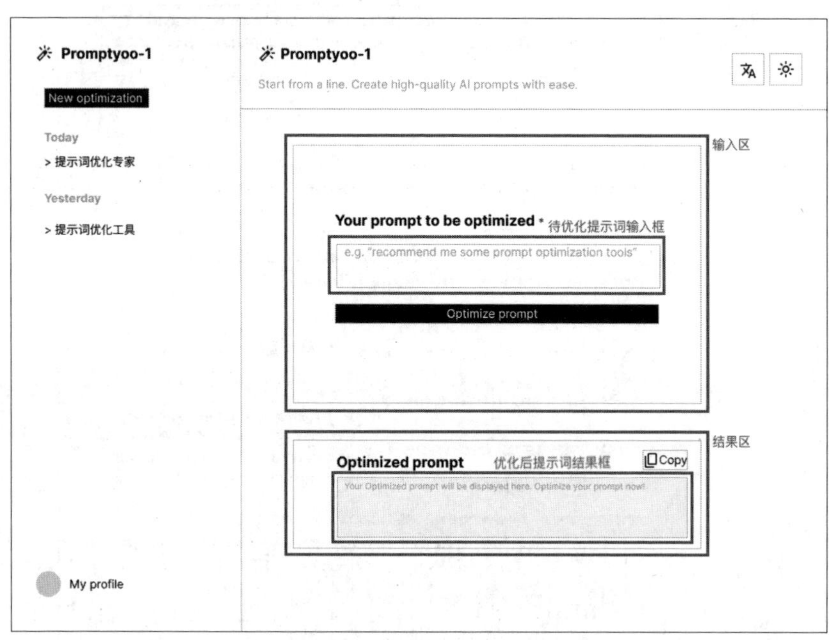

图 6-3 用 Figma 绘制的 Promptyoo-1 的用户界面线框图

线框图是一种低保真界面原型设计图，它通过简单的线条和方框勾勒出应用的基本布局和功能结构，帮助开发团队在早期阶段清晰理解产品界面。它不关注具体的视觉设计细节，而是聚焦于展示页面元素的布局关系和用户交互流程。这一特点使其成为从“我的天才想法”到适合氛围编程的“用户界面和交互的自然语言描述”之间的理想桥梁。

【避坑指南】为什么画线框图要选 Figma 而不是 Photoshop？这与 bolt 有什么关系？

因为Figma是本书撰写时用户界面设计的常用工具。

即使你没有从事过前端界面设计，也一定听说过Photoshop。“P图”这个广为流传的说法充分体现了它的影响力。在2010年专业UI设计工具Sketch推出前，Photoshop一直是用户界面设计的常用工具。Sketch推出后，许多UI/UX设计师转而使用它，因为Sketch创建的所有内容都是100%基于矢量的，这意味着作品可以随意缩放而不会损失画质。而在Photoshop中，如果创建小图标时不使用智能对象，放大后会变得模糊失真。

此外，Sketch从一开始就是专为UI设计而打造的，不像Photoshop的UI功能是后来添加的。

2016年9月，Figma发布后又吸引了许多UI/UX设计师从Sketch阵营转投过来。这主要是因为Figma自发布以来就在其纯浏览器界面中提供协作功能，成为当时唯一允许多人在同一文件上协作设计的工具。以浏览器作为用户界面意味着Windows和Linux用户也能通过浏览器使用Figma，而Sketch仅限于macOS用户使用。这使得Figma获得了“浏览器中的Photoshop”的美誉。

到了2025年1月，当StackBlitz公司将其AI产品更名为Bolt.new后，一个类似的转折点出现了。2025年1月23日bolt的首席执行官埃里克·西蒙斯（Eric Simons）发布的一条推文称“我们已经进入了一个新时代，现在使用代码制作可运行的原型比在Figma中设计它们更加高效”。这种方式完全省去了使用Figma绘制原型图的时间。

在介绍bolt之前，先要了解StackBlitz。

StackBlitz是一个基于WebAssembly的在线IDE，它通过WebContainers技术在浏览器沙箱中提供完整的Node.js运行环境。这项突破性的技术解决了传统云IDE面临的延迟和资源消耗问题，让开发者能够完全在浏览器中进行前端和后端开发，无须配置本地环境或远程虚拟机。

在2024年10月，StackBlitz已整合AI功能。2025年1月，这款强大的AI代码生成工具正式更名为bolt。

bolt将WebContainers与Claude Sonnet 3.5大模型相结合，实现了代码生成和即时执行的无缝集成。它最大的优势在于赋予AI对整个开发环境的完整控制权，包括文件系统、包管理器、终端和服务器，从而能够自动检测和修复错误，创建完整的全栈应用。

WebContainers和bolt的关系可以理解为：WebContainers提供了基础运行时环境，而bolt添加了AI编排层，实现了从自然语言到完整部署应用的端到端流程，大幅缩短了从概念到产品的开发周期。

bolt是一个基于浏览器的开发工具，让开发者可以在浏览器中编写代码并实时预览，最终构建出可在Web网站上运行的应用，以及能在iOS和Android平台运行的跨平台移动应用。

bolt主要服务3种用户：想学习新技术并快速开发的程序员，想测试新想法并快速制作可编程和运行的产品原型的产品经理，以及想做网站但不太懂编程的普通人。它使用起来很简单：你只要用文字描述想要的网站，它就能自动生成代码；你还可以直接在浏览器里浏览、修改和下载代码，实时预览前端界面，不需要安装复杂的软件就能做出网站。

但是bolt也有一些局限性。目前它主要适合做简单的网站，对于复杂的项目还无法替代传统开发方式。另外，如果全程使用bolt开发大型Web应用或跨平台移动应用，那么它的使用成本可能会比较高，因为这两类应用通常涉及几十个源文件，每次对话时bolt都要将这些文件同步给大模型，消耗大量token。即使用户每月付费订阅bolt就能得到不少token，但做大项目时可能还未到月底token就已耗尽。此时要么额外花钱购买token，要么中断工作直到下个月初。因此，一种实用的折衷方案是用bolt生成初始应用，下载后再用Windsurf、Cursor或Trae等工具搭配大模型在本地计算机上继续开发。

对于Figma新手，可以在网上找到一个讲解如何绘制Figma线框图的5分钟入门视频教程，边看边练习，很快就可以掌握绘制Figma线框图的基本技巧。

接下来我开始考虑如何编写业务需求描述。我计划将Promptyoo-1的业务需求分为两个阶段实现：第一阶段实现“基础提示词优化”功能——不连接DeepSeek API，仅通过Promptyoo-1的前端应用将用户输入的原始提示词与内置的辅助优化提示词进行简单拼接，然后返回优化后的提示词给用户；第二阶段实现“智能提示词优化”功能——将连接DeepSeek API作为默认的优化方式，当API不可用时，自动切换到第一阶段实现的“基础提示词优化”功能作为备选方案。这样设计能确保用户在任何情况下都能获得优化后的提示词。

第一阶段要实现的“基础提示词优化”业务需求描述如代码清单6-1所示。

代码清单 6-1　listings/L6-1.md

```
# Promptyoo-1 业务需求描述

## 第一阶段：基础提示词优化

### 用户界面

用户界面文字描述如下：

这是一个名为“Promptyoo-1”的 AI 提示词优化工具的界面设计。整个布局采用左右分栏结构。

**左侧边栏**
- 顶部显示应用名称“Promptyoo-1”
- 有一个黑色标签显示“New optimization”（新优化）
```

- 包含两个时间分组的历史记录：
  - “Today”部分有一个条目“提示词优化专家”
  - “Yesterday”部分有一个条目“提示词优化工具”
- 底部有用户资料区域显示“My profile”

右侧主内容区
- 顶部有应用标题和两个图标按钮（中英文界面切换和深浅色主题显示模式切换）
- 副标题文字：“Start from a line. Create high-quality AI prompts with ease.”
- 输入区包含：
  - 一个标题“Your prompt to be optimized”（带红色星号表示必填）
  - 一个单行文本输入框，占位符文字为“e.g. "recommend me some prompt optimization tools"”
  - 一个黑色的“Optimize prompt”按钮
- 下方结果区包含：
  - 一个标题“Optimized prompt”
  - 右上角有复制按钮
  - 一个单行文本框，显示优化后的提示词
  - 当前显示占位符文字：“Your Optimized prompt will be displayed here. Optimize your prompt now!”

整体设计简洁现代，采用卡片式布局，主要功能是帮助用户输入原始提示词并获得优化后的版本。

基本功能

如果你已经知道要问 AI 什么，只是想让提示词更流畅清晰，那么 Promptyoo-1 Web 应用会更适合你（其中的“1”表示你已有初始提示词）。你只需将原始提示词提交给这个应用，它就会开启“基础提示词优化模式”将原始提示词进行优化，并返回给你。

看一个具体例子：假设你想问 AI“请为我推荐几个提示词优化工具”，并希望添加这样的后缀“请为每个工具提供官网链接，以便我核对。如果你不知道或查不到，就实说，不要编造”，这样可以最大限度地减少 AI 幻觉。你希望为所有查询类的提示词都加上这个后缀，但由于后缀较长，手动添加比较麻烦。因此，你想借助 AI 的帮助。当你将原始提示词输入应用界面并点击“Optimize prompt”按钮后，Promptyoo-1 应用会在用户原始提示词的基础上添加以下固定辅助优化提示词：

<markdown>
你是专家。<用户原始提示词>。请提供主要观点的网页链接，以便核实。如遇不确定信息，请如实告知，不要编造。
</markdown>

例如，若用户的原始提示词是“请为我推荐几个提示词优化工具”，Promptyoo-1 将返回：

<markdown>
你是专家。请为我推荐几个提示词优化工具。请提供主要观点的网页链接，以便核实。如遇不确定信息，请如实告知，不要编造。
</markdown>

结果区右上角有一个“Copy”按钮，方便用户复制优化后的提示词。

“Your prompt to be optimized”下方的输入框为必填项。

开启新的提示词优化功能

当用户点击左侧边栏的“New optimization”按钮后，右侧的待优化提示词输入框和优化后提示词结果框会清空，并显示默认提示信息。其中，“Your prompt to be optimized”下方的待优化提示词输入框会显示示例提示“e.g. "recommend me some prompt optimization tools"”，而“Optimized prompt”下方的优化后提示词结果框会显示“Your Optimized prompt will be displayed here. Optimize your prompt now!”

用户管理功能

未登录用户无法保存原始提示词和优化后的提示词的历史记录。

用户可以通过点击界面左下角的“My profile”进行登录。点击后会显示“Sign in”和“Sign up”两个选项。

点击“Sign in”后，界面中心会显示登录界面，要求输入用户名和密码。登录界面下方设有“Sign up”链接，方便未注册用户创建新账号。

用户完成注册后会获得一个默认头像。

点击“Sign up”后，界面中心会显示注册界面，要求输入用户名和两次密码确认。注册界面下方设有“Sign in”链接，供已有账号的用户直接登录。

界面左下角显示用户头像和“My profile”。点击后会弹出一个悬浮菜单，顶部显示当前用户名，下方包含“Settings”和“Log out”两个选项。

点击“Settings”后，界面中心会显示用户资料修改界面，用户可以更换头像和修改密码。修改密码时只需输入两次新密码，无须验证原密码。

点击“Log out”后会退出登录，同时左侧边栏的提示词优化历史记录将清空。

中英文界面切换功能

Promptyoo-1 应用提供英文和中文两种界面。用户可通过点击界面右上角从右向左第二个切换按钮

```
即可在英文界面和中文界面之间切换。界面默认显示英文，每次点击语言切换按钮都会在英文界面
和中文界面之间切换。

### 深浅色主题显示模式切换功能

Promptyoo-1 应用支持界面的浅色和深色两种主题显示模式。用户只需点击界面右上角最右侧的
切换按钮，即可在浅色主题显示模式和深色主题显示模式之间切换。
```

由于bolt更擅长将文字描述转换为前端代码，因此我在代码清单6-1中“用户界面”部分没有上传Figma线框图，而是使用Claude将线框图转换成文字描述。

第二阶段要实现的“智能提示词优化”业务需求描述如代码清单6-2所示。

代码清单 6-2　listings/L6-2.md

```
# Promptyoo-1 业务需求描述

## 第二阶段：智能提示词优化

### 基本功能

Promptyoo-1 的提示词优化功能将原有的“基础提示词优化模式”设为 DeepSeek API 的故障应
急模式，并默认使用下述新增的“DeepSeek API 优化模式”来优化原始提示词。

在将原始提示词发送给 DeepSeek API 之前，Promptyoo-1 会自动在其前面添加辅助优化提示词
（需将其中的<用户原始提示词>替换为实际的用户输入）：

<markdown>
请按以下步骤优化用户给出的原始提示词。
1. 创建一个空的“辅助优化提示词”，用于优化用户提供的原始提示词（见后文）。
2. 如果原始提示词未指定 AI 要扮演的角色，请根据提示词内容确定相关领域，然后在“辅助优化
提示词”后添加“你是 xxx 领域的专家”。这里的“xxx”指你根据提示词确定的专业领域。
3. 如果原始提示词未说明回复格式要求，在“辅助优化提示词”后添加“请提供主要观点的网页链
接，以便核实”。
4. 如果原始提示词未提及用户对 AI 的顾虑，在“辅助优化提示词”后添加“如遇不确定信息，请
如实告知，不要编造”。
5. 使用整理好的“辅助优化提示词”优化下面的原始提示词。确保优化后的提示词清晰流畅，且只
提供优化后的提示词，不要在结果提示词之前和之后附加其他说明。
用户提供的原始提示词是：<用户原始提示词>
</markdown>

DeepSeek API 收到上述请求后，应该返回类似如下所示的优化后的提示词。
```

<markdown>
你是人工智能领域的专家，请为我推荐几个实用的提示词优化工具，并简要说明它们的主要功能和优势。请提供相关工具的官方网站或权威评测链接以便核实。如遇不确定信息，请如实告知，不要编造。
</markdown>

上面这段优化后的提示词显然比原始提示词更加专业和完整。

为了提升使用体验，这个应用还具备流式响应（streaming response）功能。当 DeepSeek API 开始回复时，用户能在结果区的优化后提示词结果框中看到文字逐字呈现的效果，让用户尽早看到优化后的提示词。

当 DeepSeek API 访问失败（可能由网络问题、API 密钥无效或服务繁忙等导致），则 Promptyoo-1 会自动启用之前已经实现了的“基础提示词优化模式”返回优化后的提示词。

提示词优化历史管理功能

用户每完成一次提示词优化（即输入提示词、点击“Optimize prompt”按钮并获得优化结果，无论是使用了“基础提示词优化模式”还是“智能提示词优化模式”），系统会自动将该记录保存到数据库，并将其置顶显示在左侧边栏“Today”分组的历史记录列表中。

每条历史记录都有一个最长 30 个汉字的标题，标题内容即为用户的原始提示词。如果原始提示词超过 30 个汉字，系统会自动截取前 30 个汉字作为标题。

Promptyoo-1 允许历史记录标题重复。

点击历史记录后，右侧区域会显示对应的原始提示词和优化后的提示词，该记录同时会以浅灰色背景标记为已选中状态。用户可以查看右侧内容，并使用“Copy”按钮复制优化后的提示词。此时历史记录的原始提示词无法编辑，且“Optimize prompt”按钮处于禁用状态。不过，用户可以复制该历史记录的原始提示词，以便在新建优化任务时使用。

在左侧边栏中，每个历史记录标题最多显示前 16 个汉字。当用户将鼠标指针悬停在超长标题上时，会出现一个黑底白字的悬浮提示，显示完整标题。

鼠标指针悬停在历史记录上时，其右侧会依次显示两个图标：编辑（编辑图标）和删除（红色垃圾桶图标）。

点击编辑图标后，相应的历史记录标题变为可编辑状态。按回车确认后，新标题会保存到数据库并更新到左侧边栏。如果用户清空标题后按回车，则保持原标题不变。

```
点击红色垃圾桶图标后，会弹出确认对话框显示“是否删除？”及要删除的记录标题。确认后，该记录将从数据库和左侧边栏中永久移除。
```

从代码清单6-1和代码清单6-2可以看出，我特意避免在需求描述中包含技术实现、架构设计和技术栈相关的信息。在传统软件开发中，这些内容应当在软件架构设计阶段再进行讨论。

如果将这两个阶段的业务需求用产品需求文档（product requirements document，PRD）编写，然后提供给bolt生成代码，是否能让擅长编写产品需求文档的产品经理工作得更便捷？

6.1.2　将业务需求转为产品需求文档时踩坑

即使你从未编写过产品需求文档，也不必担心——可以借助AI聊天应用将需求描述转换为标准格式。为此，我分别向Claude和DeepSeek（这是为尚未使用过Claude的读者准备的选项）提供了以下提示词：

```
你是经验丰富的产品经理。请你按照产品经理编写 PRD（product requirements document）流行的模板，将下面的 Promptyoo-1 提示词优化应用的需求描述改写为标准的 PRD 格式。要求依次将第一阶段和第二阶段分开写。下面是需求描述：（略。见代码清单 6-1 和代码清单 6-2）
```

两款AI聊天应用给出的产品需求文档的专业度，都令我满意。

值得一提的是，Claude在转换过程中有一个显著优势：当我要求它修改之前的回复内容时，它会自动生成完整的更新版本，免去了我手工修改的麻烦。相比之下，DeepSeek只提供零散的修改建议，我还需要自行在它上次的回复中查找并做具体修改。

仔细阅读这两份产品需求文档后，我产生了一些疑虑。我的目标是通过精心设计的提示词，让bolt通过单次对话先使用Next.js前后端一体化架构及其主流版本，生成Promptyoo-1第一阶段“基础提示词优化”的前端代码，并确保其能在个人计算机上运行。之后，我计划将代码从bolt下载到本地，再用Trae基于这些代码继续生成第二阶段“智能提示词优化”的前后端代码。然而，Claude按产品需求文档模板提供的内容——项目里程碑、交付物（如使用说明、技术文档和测试报告）、性能要求（如API响应时长、历史记录加载时长、流式响应首字节时长），以及DeepSeek提供的非功能性需求（如密码加密存储和API故障降级机制）——这些是否真的与我的目标直接相关？虽然软件架构设计和技术栈选型通常不属于产品需求文档范畴，但要用氛围编程实现一个可运行的产品原型，这些技术细节又确实不可或缺。

这些问题引发了更深层的思考：产品经理编写的产品需求文档是否能直接用于氛围编程工具生成代码？那些与单次对话生成前端代码无关的里程碑和交付物不仅浪费token，是否还会导致大模型产生幻觉？如果让大模型自行选择架构设计和技术栈版本，而不在提示词中明确指定，它是否会生成对产品经理不够友好的原型系统？举例来说，前后端分离架构需要在本地分别启动两个应用，这显然不如使用Next.js前后端一体化技术栈只需启动一个应用来得方便。

我意识到需要将软件架构设计、技术栈选型及其版本号与业务需求描述整合在一起，创建一个专门用于氛围编程快速实现产品原型的需求描述。本书将这种专为氛围编程生成产品原型的“带有技术栈选型简述的需求描述”命名为“氛围编程需求描述”，简称“氛围编程需求”。

那么，如何在氛围编程需求中清晰地描述架构设计和技术栈选型呢？带着这个问题，我开始向AI聊天应用寻求专业建议。

6.1.3　让AI提供软件架构与技术栈建议

基于我之前使用Docker Desktop和PostgreSQL数据库开发容器化Web应用的经验，以及了解到Next.js前后端一体化技术栈可以通过启动单个应用来演示产品原型（这对包括产品经理在内的所有氛围编程者快速构建产品原型都很方便），我已经对软件架构和技术栈有了清晰的整体方向。为了将这些信息加入氛围编程需求，我向AI聊天应用询问了Next.js、Docker Compose和PostgreSQL等技术栈的当前主流版本号。

在探索中，我偶然间发现了一个更适合产品经理的技术栈方案，比使用数据库持久化提示词历史、启动容器化数据库和Next.js应用都要简单。因此，本节仅给出下列AI聊天应用提供的数据库和容器化相关建议，不再深入讨论。

```
## 后端技术栈

- **Next.js API Routes** - 内置 API 支持
- **NextAuth.js 5.0** - 认证解决方案
- **Prisma 6.0** - 现代 ORM
- **PostgreSQL 17** - 关系型数据库
- **Redis 8.0** (可选) - 缓存和会话存储
```

```
## 开发和部署工具
- **Docker 27.0** - 容器化
- **Docker Compose 2.32** - 多容器编排
- **Nginx 1.28** - 反向代理
- **pnpm 9.15** - 包管理器
- **ESLint 9.0** + **Prettier 4.0** - 代码规范

## Docker Compose 配置（略）
```

6.2 在氛围编程需求中包含严格技术栈要求时踩坑

因为是首次尝试让bolt根据氛围编程需求生成前端应用代码，我采取了小步迭代的策略。我给bolt的提示词仅包含代码清单6-1中描述的第一阶段“基础提示词优化”需求，以及严格的技术栈规范和版本要求（如代码清单6-3所示）。

代码清单 6-3 listings/L6-3.md

```
### 前端技术栈简述

为简化产品经理在个人计算机上启动应用的流程，本项目将采用 Next.js 作为全栈开发框架（仅需启动单个应用，无须分别启动前端和后端）。以下为前端技术栈及其版本号：

- **Next.js 15.1** - 全栈 React 框架，支持 SSR/SSG
- **React 19** - UI 框架
- **TypeScript 5.7** - 类型安全
- **Tailwind CSS 4.0** - 实用优先的 CSS 框架
- **Shadcn/ui** - 基于 Radix UI 的组件库
- **next-i18next 16.0** - 国际化支持
- **next-themes 0.4** - 明暗模式切换
- **React Hook Form 8.0** - 表单处理
- **Zod 3.24** - 数据验证

### 开发和部署工具

- **pnpm 9.15** - 包管理器
- **ESLint 9.0** + **Prettier 4.0** - 代码规范

### 项目结构建议
```

```
promptyoo-1/
├── docker-compose.yml
├── Dockerfile
├── src/
...(略)
├── locales/
├── .env.example
└── package.json

### 关键特性实现建议

1. **多语言支持**: 使用 next-i18next 实现中英文界面切换
2. **主题切换**: 使用 next-themes 和 Tailwind CSS 的 dark mode
```

bolt根据我的提示词生成了前端代码，但在其云环境预览时用户界面上出现了编译错误。好在bolt在聊天区域提示发现了这个错误，并提供了一个“Attempt fix”按钮。我点击按钮开始修复，但很快又出现新的错误。这样反复点击了5次后，我发现bolt免费版的每日token限额几乎耗尽，为了看到最终结果，我不得不充值订阅。

接下来又经历了4轮“点击修复按钮→发现运行错误→继续点击修复”的循环。最后一次尝试后，错误数量反而从3个增加到5个，我终于失去了耐心。

我决定放弃，将代码下载到本地计算机，改用Trae国内版打开。我先后尝试用Trae国内版搭配DeepSeek大模型和豆包大模型来修复`npm run dev`报出的错误，但经过近10次尝试后，错误仍然存在。

我回想起之前做实验让bolt生成AI聊天应用时，只用了一句简单的提示词“Use Next.js to implement an AI chatbot with history management and DeepSeek API key input functions”（使用Next.js实现具有历史记录管理和DeepSeek API密钥输入功能的AI聊天机器人）。那时虽然生成的代码在bolt云环境运行时也有错误，但错误只有1个，只需修复一次就能运行，远没有现在这么多运行错误。这让我思考：是不是因为在给bolt的氛围编程需求提示词中对技术栈及其版本要求过于严格，才导致了这些问题？大模型在预训练和指令微调阶段不太可能恰好学会了能精确满足代码清单6-3所列技术栈组合的代码。也许我应该适当放宽氛围编程需求中的技术栈描述，让大模型运用自己擅长的知识来生成代码（正是这次的经历启发了我总结出1.7节中的氛围编程高配组合放松要求指导原则）。

6.3 用bolt的“Enhance prompt”时踩坑

于是我在bolt中打开一个新对话，还是使用上一次的提示词，只是把提示词后面的技术栈描述从代码清单6-3中的严格要求简化为代码清单6-4中的宽松要求。

代码清单 6-4 listings/L6-4.md

```
### 前端技术栈简述

为简化产品经理在个人计算机上启动应用的流程，本项目将采用 Next.js 作为全栈开发框架（仅需启动单个应用，无须分别启动前端和后端），并使用 2025 年主流版本。
```

在提交提示词前，我看bolt还提供优化提示词的功能，便随手点击了提示词输入框左下角的“Enhance prompt”按钮。bolt立即对提示词进行了“优化”，将内容精简了不少。这让我思考：或许是我在代码清单6-1中的业务需求描述过于冗长，又或许bolt确实能更准确地理解我的氛围编程需求（但后来发现全不是）。

我提交了优化后的提示词。代码生成过程很顺利，单次对话生成的前端代码运行时没有报错。bolt实现了我画的Figma线框图中90%的页面元素，但有一处偏差——它将原本应该是单个的提示词输入框变成了两个。仔细检查后，我发现了原因：Claude在解读Figma线框图时生成的文字描述（见代码清单6-1）没有准确表达“右侧主内容区→主要功能区域”的内容。它把“一个单行文本输入框标题”简化成了“一个标题”。当我使用bolt的优化提示词功能时，bolt又将其进一步改写为“必填标题”，最终导致多生成了一个标题输入框。发现这个问题后，我修正了代码清单6-1中的描述不清之处，改后的描述如代码清单6-5所示。

代码清单 6-5 listings/L6-5.md

```
（略。同代码清单 6-1）
- 主要功能区域包含：
  - 一个单行文本输入框标题“Your prompt to be optimized”（带红色星号表示必填）
  - 一个单行文本输入框，占位符文字为“e.g. "recommend me some prompt optimization tools"”
（略。同代码清单 6-1）
```

这表明在使用AI聊天应用将Figma线框图转换为文字描述时，需要仔细检查输出内容，确保没有表述不清或歧义的地方（这也符合1.7节中氛围编程高配组合优化提示词指导原则）。

6.3.1　用bolt直接导入Figma线框图时踩坑

既然用Claude描述Figma线框图会出现一些瑕疵，那么直接在bolt中导入Figma线框图（因为我之前在bolt主页上看到有醒目的导入Figma的按钮）是否能减少这些问题呢？

我立即进行了尝试。点击“Import from Figma”图标，复制并粘贴我在Figma网页端绘制的线框图链接后，就成功导入了Figma图。生成的用户界面确实与Figma线框图几乎完全一致，只是缺少了左下角的“My profile”用户管理按钮。

这个问题不难理解，因为在这种导入方式下，我无法输入任何提示词来让bolt添加用户管理功能。此外，由于无法在导入过程中指定我想使用的Next.js框架，生成的前端代码默认使用了React 18.2.0。这就意味着我还需要另外生成一个Node.js后端应用才能与前端配合使用。

考虑到这些无法自定义功能和框架的限制，在bolt中直接导入Figma线框图的方法并不适合用于本章单次对话生成可运行的Next.js应用的场景。

我回到之前生成的那个可运行的前端应用。尽管用户界面因提示词不够严谨而有些瑕疵，但作为一个Next.js新手，我希望能更好地理解这个框架中前端页面元素与代码的对应关系。因此，我决定让氛围编程工具生成一个C4 模型风格的架构图，这样就能清晰地看到代码组件之间的调用关系，使代码更容易理解。

6.3.2　从Cursor生成的架构图中得到启发

由于Claude被公认为编程能力最强的大模型，我原本打算用它来分析代码并绘制架构图。但bolt生成的Next.js框架代码包含76个文件，逐个上传给AI聊天应用太过烦琐。虽然可以将文件打包成ZIP上传，这种方式仍然不够便捷。我需要一个能在本地计算机上打开Next.js项目，并直接集成Claude大模型（撰写本书时最新版本为Claude Sonnet 4）的氛围编程IDE。这样就能避免上传代码的麻烦，同时享受Claude大模型的强大功能。

在本书撰写期间，我能用上的集成了Claude Sonnet 4且广受欢迎的氛围编程IDE只有Cursor（当然后来等Trae国际版推出Pro订阅，特别是2025年7月中旬Windsurf因被Cognition公司收购重新获得Claude Sonnet 4访问权限后，就又多了一些选择），所以我选择了它。

我使用了代码清单6-6所示的提示词，让Cursor（搭配Claude Sonnet 4大模型，使用Agent模式）生成C4模型架构图的Mermaid脚本[1]。

代码清单 6-6 listings/L6-6.md

```
请读取 @next-js-app ，分析这个 Next.js 项目的前后端代码，按照 C4 模型的三层架构（上下文层、容器层、组件层）用 Mermaid 脚本绘制 3 个层级的架构图。每个脚本分别以 C4Context、C4Container 和 C4Component 开头。3 个层级的架构图需体现层层深入的特征，例如可以将容器层中的前后端部分在 组件层中展开详述。另外要求以 C4Container 和 C4Component 开头的两张图里都要画 User。

在组件层中请标注每个组件对应的源文件名，以便快速查找相关代码。在容器层中需标注所有技术栈的具体版本号。
```

在Cursor的提示词中，“@next-js-app”是引用代码目录的特殊符号，需要在其前后各添加一个空格才能激活蓝色高亮效果（表示起效）。

使用氛围编程方式生成组件层的C4模型风格的Mermaid架构图时，可以利用大模型的文本生成能力。这个方法乍看起来可能不太直观——为什么要用文本生成能力来创建图表呢？答案很简单：Mermaid图表本质上就是由文本脚本定义的。

【避坑指南】为何代码清单 6-6 中生成 C4 模型架构图的 Mermaid 脚本提示词如此啰唆？

这些看起来啰唆的提示词，其实都是在实践中踩坑后的产物。

最初的提示词中并未包含下面这两句：“每个脚本分别以C4Context、C4Container和C4Component开头”和“要求以C4Container和C4Component开头的两张图都要画User”。当我把这个最初版本用于Trae国内版（搭配DeepSeek-V3-0324大模型）生成架构图时，它生成的并非C4模型风格的架构图，而是以“graph TD”（top-down，自顶向下）开头的普通流程图。流程图无法展示C4模型中上下文层、容器层和组件层之间的逐层细化的关系。此外，如果不加上第二句提示词，生成的容器层架构图和组件层架构图可能会遗漏User。这些踩坑经历促成我总结出1.7节的氛围编程较弱大模型优化提示词指导原则。

基于代码清单6-6中的提示词，Cursor生成了C4模型的三层架构图的Mermaid脚本，其中上下文层架构图引起了我的注意。这个图的Mermaid脚本如代码清单6-7所示。

---

[1] Mermaid是一种基于文本的图表描述语言，它能将文本转换为流程图、时序图、甘特图等多种可视化图表，无须使用专门的绘图工具就能快速创建和维护专业的技术文档图表。

代码清单 6-7 listings/L6-7.md

```
C4Context
    title System Context diagram for Promptyoo-1 AI Prompt Optimizer

    Person(user, "User", "Users who want to optimize their AI prompts")

    System(promptyoo, "Promptyoo-1", "AI Prompt Optimization Platform<br/>
Helps users enhance and optimize their AI prompts")

    System_Ext(browser, "Web Browser", "User's web browser for accessing the
application")
    System_Ext(localStorage, "Browser Storage", "Local storage for user data
and prompt history")

    Rel(user, browser, "Uses")
    Rel(browser, promptyoo, "Accesses", "HTTPS")
    Rel(promptyoo, localStorage, "Stores data", "Browser APIs")

    UpdateLayoutConfig($c4ShapeInRow="2", $c4BoundaryInRow="1")
```

将代码清单6-7复制并粘贴到mermaid.live网页（一个免费的Mermaid图表显示工具）后，即可生成与图6-4类似的上下文层架构图。由于mermaid.live生成的图表存在连线交错、不够美观易读的问题，我又使用Claude将Mermaid脚本转换为PlantUML脚本，并在planttext.com上生成了图6-4的SVG格式图（后续C4模型架构图均采用与此相同的处理方式，不再重复说明）。

从图6-4能够看出，Promptyoo-1应用通过调用Browser API将数据存入了Browser Storage（浏览器存储）。Browser Storage这个概念引起了我的兴趣。作为前端开发新手，这是个令人耳目一新的发现。根据图6-4所示，用户数据和提示词优化历史可以直接存储在浏览器本地，无须使用我最初设想的容器数据库。这一特性使缺乏编程经验的产品经理能更轻松地使用氛围编程方法开发可运行的产品原型，因为这样能省去在个人计算机上安装和配置容器的麻烦。我随之萌生了一个新想法：将原先使用容器化数据库实现数据持久化的设计替换为Browser Storage。这让我体会到了使用氛围编程工具探索时意外获得启发的乐趣。

值得一提的是，在使用Cursor（搭配Claude Sonnet 4大模型）之前，我用相同的提示词（代码清单6-6）分别测试了Trae国内版（搭配DeepSeek-V3-0324大模型）、Trae国内版（搭配Doubao 1.5 Pro大模型）、Trae国际版（搭配Claude Sonnet 3.5大模型）、Trae国际版（搭配Claude Sonnet 3.7大模型）和Trae国际版（搭配Claude Sonnet 4大模型）。结果这些组合都没有在上下文层架构图中展示Browser Storage组件。这表明，如果对代码使用的技术栈不太熟悉，要生成更高质量的架构图，最好在氛围编程工具中选用Claude系列中最新版本的大模型。这正是启发我总结出1.7节中的氛围编程大模型升级指导原则的“那颗小火星”。

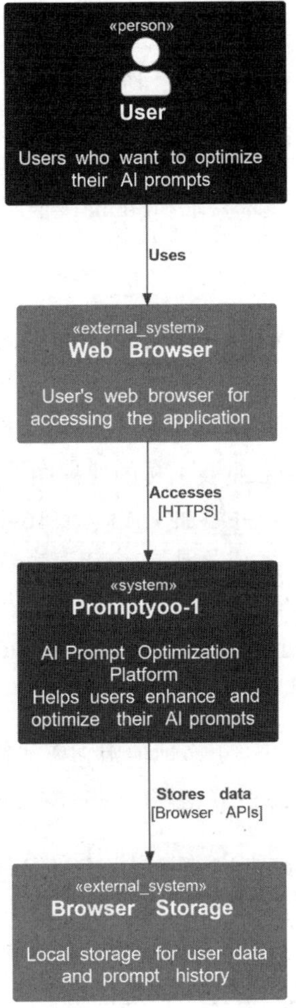

图 6-4　吸引我注意的 C4 模型的上下文层架构图

话说回来，如果能像代码清单6-8所示的提示词那样精确描述C4模型架构图的Mermaid脚本生成要素，即使使用Trae国际版（搭配Claude Sonnet 4或Claude Sonnet 3.5大模型），也能生成令人满意的架构图。这一点促成我总结出1.7节中的氛围编程大模型降级指导原则。

代码清单 6-8 listings/L6-8.md

```
请读取#Workspace，分析该 Next.js 项目的前后端代码，并按照 C4 模型的三层架构（上下文层、容器层、组件层）用 Mermaid 脚本绘制架构图。绘制 3 个层级的架构图的 Mermaid 脚本，分别以 C4Context、C4Container 和 C4Component 开头。所有层级都需展示 User、Web Browser 和 Browser Storage 这些 Person 和 System_Ext，并体现层层深入的结构关系。例如，将容器层的 Next.js 容器在组件层中详细展开。在以 C4Component 开头的图中标注每个组件对应的源文件名，方便代码查找。在以 C4Container 开头的图中标注所用技术栈的具体版本号。C4Container 图中只有一个容器，即 Next.js 应用。
```

不过，暂且搁置这个新想法，因为用户界面中的两个输入框问题仍待解决。既然在bolt中直接导入Figma图时无法指定使用Next.js框架和实现用户管理功能，那么是否可以在提示词中同时包含这些技术要求和Figma线框图呢？这样或许能达到两全其美的效果（后来发现不是）。

6.3.3 在bolt提示词中插入Figma线框图时踩坑

我打开了一个新的bolt对话，将代码清单6-5中的需求描述复制并粘贴进去，并将“用户界面”的文字描述替换为“见我上传的线框图”。随后在bolt的提示词区域上传了Figma线框图（如图6-3所示），并添加了代码清单6-4中的“前端技术栈简述”后提交。当bolt生成代码并运行时，系统发现了7个错误。当我点击“Attempt fix”按钮时，bolt弹出“Large Project Size Alert”（大型项目规模警报）对话框，提示“The project seems to be quite large in size, which increases token usage per message.”（项目规模较大，这会增加每条消息的token使用量）。

由于我刚订阅了Trae Pro，可以更多地使用它所能搭配的Claude大模型，我决定将代码从bolt下载并解压，使用Trae Pro（搭配Claude Sonnet 3.7大模型）来修复这些问题。

随后我用Trae国际版尝试修复了6次，错误不仅没有得到解决，反而报错信息变得更多。这让我开始思考：在提示词中添加Figma线框图是否像严格规定技术栈及版本号一样，反而限制了AI的发挥空间，从而导致更多错误？值得注意的是，到目前为止唯一能生成运行无错的前端代码的提示词是使用了用户界面的文字描述，而不是让blot去读上传的线框图。由此可以猜测：bolt在处理用户界面的文字描述时，似乎更容易生成运行时不报错的前端代码。

既然已经有了一个运行无报错的应用，我是否可以让bolt或Trae国际版基于此进行修改，使其符合我的期望呢？理论上可行，但仔细思考后，我意识到bolt生成的用户界面瑕疵其实源于提示词对界面描述不够清晰。如果能把提示词改得更明确，就能在单次对话中实现目标，无须后期修改，这样效率会更高（这也符合1.7节中的氛围编程高配组合优化提示词指导原则）。基于这个考虑，我放弃了修改现有代码的想法。

6.4 用bolt单次对话成功生成第一阶段氛围编程需求代码

我打开了一个新的bolt对话，将代码清单6-5中的“基础提示词优化”业务需求描述复制进去。这次我保留了“用户界面”的文字描述，而不是上传Figma线框图。我添加了代码清单6-4中的“前端技术栈简述”，没有点击“Enhance prompt”按钮就直接提交。

结果令人振奋：前端代码在首次对话就完美运行。不论是在bolt云环境中运行、预览模式下测试，还是下载到本地计算机后运行，都未出现任何错误。根据代码清单6-5的业务需求描述进行初步测试，功能运作完全正常。

既然与bolt的单次对话就能完成第一阶段以前端应用为主的氛围编程需求，那么如果将原本计划用容器化数据库实现的“智能提示词优化”后端功能改为使用Browser Storage这种前端技术来实现，是否也能在一次bolt对话中同时完成第一阶段和第二阶段两个阶段的业务需求呢？我决定尝试一下。

6.5 用Claude更换氛围编程需求持久化方案时踩坑

为了在bolt的单次对话中同时实现第一阶段和第二阶段的氛围编程需求，我需要将数据持久化方案从容器化数据库改为Browser Storage。作为前端开发新手，我对这种技术选型转换涉及的技术栈不太熟悉，因此我让Claude（搭配Claude Sonnet 4大模型，未开启“Extended thinking”和“Web search”模式）进行转换：

```
如果我的产品原型快速开发的需求描述中的数据持久化技术要由 PostgreSQL 数据库改为 Browser Storage，那么请你评判下面的需求描述（针对 PostgreSQL 数据库写的内容）中哪些内容是不适用的？应该如何修改。下面是需求描述：
（略。包含第一阶段和第二阶段业务需求描述、用文字描述的 Figma 线框图、6.3 节中的“前端技术栈简述”及 6.1.3 节中为后端应用设计的用容器化数据库实现数据持久化的方案）
```

Claude分析了原氛围编程需求中不适用的后端技术栈，包括NextAuth.js（用于认证）、Prisma（现代ORM）、PostgreSQL数据库、Redis（用于缓存和会话）及整个Docker Compose配置。它建议由于Browser Storage的安全限制，需要简化用户管理功能，去掉传统的用户注册和登录系统，改用本地标识符（如UUID）来区分不同用户会话。

由于我没有使用过UUID，想了解具体效果，我继续向Claude提问：

```
请你基于你给出的评判，修改我给你的需求描述，然后给我一份修改后的完整版需求描述。
```

Claude很快提供了修改后的完整版氛围编程需求。我用这个需求让bolt生成了Promptyoo-1应用，也是首次对话后生成的前端代码就能正常运行，但发现用户界面左下角的用户名和头像被Session ID编号取代，这不符合预期。于是我向Claude询问：

```
为何你移除了用户管理系统？难道用browser storage同时实现用户管理系统和提示词优化记录历史管理不现实？
```

Claude承认之前的判断过于谨慎，表示Browser Storage完全可以同时实现用户管理系统和提示词优化记录历史管理。随后它对完整版氛围编程需求进行了相应修改。

这个修改后的包括第一阶段和第二阶段的完整版氛围编程需求是否能在bolt的单次对话中生成可运行的代码呢？

6.6 用bolt单次对话成功生成两个阶段氛围编程需求代码

我将完整版的氛围编程需求（见本书配套代码中的ch06-bolt-trae/prompts/prompt-generate-next-js-app.md文件）提交给bolt作为提示词。提交前，我特意避免点击“Enhance prompt”按钮。结果令人满意：bolt生成的前端应用代码在其云环境和我的个人计算机上都能顺利运行，没有报错。虽然还存在几个小bug，但大部分功能都能正常使用。

通过单次对话，bolt能在几分钟内生成一个可在个人计算机上运行的完整Web应用。该应用包含基础提示词优化、智能提示词优化、优化历史管理和用户管理等功能。这种产品原型不仅显著缩短了制作周期，还让团队成员和用户能够及早进行试用并提供反馈，从而加快产品开发进程。这一方法彻底改变了产品经理制作产品原型的传统方式。

虽然这个产品原型中存在一些小bug，但通过6.8节的学习就能发现，即使缺乏编程经验的产品经理也能通过氛围编程工具逐步修复这些问题。在开始修复bug前，可以先理解产品原型中界面功能和代码之间的对应关系，这样在使用氛围编程工具修复bug时，就能清楚地知道要调整哪些文件。对于不熟悉Next.js框架又想找到一个可运行的产品原型来学习的读者，架构图是很好的“导航地图”。为此，下面要为当前代码绘制一份C4模型的组件层架构图，用于可视化Next.js应用中各个组件之间的关系及其对应的源代码文件。

6.7　用Cursor生成C4模型架构图

我使用Cursor（搭配Claude Sonnet 4大模型）打开产品原型代码（位于本书配套代码中的ch06-bolt-trae/next-js-app目录），并使用前文代码清单6-8中的提示词生成了C4模型风格架构图的Mermaid脚本。

限于篇幅，这里只展示最有助于理解产品代码的C4模型组件层架构图，如图6-5所示。

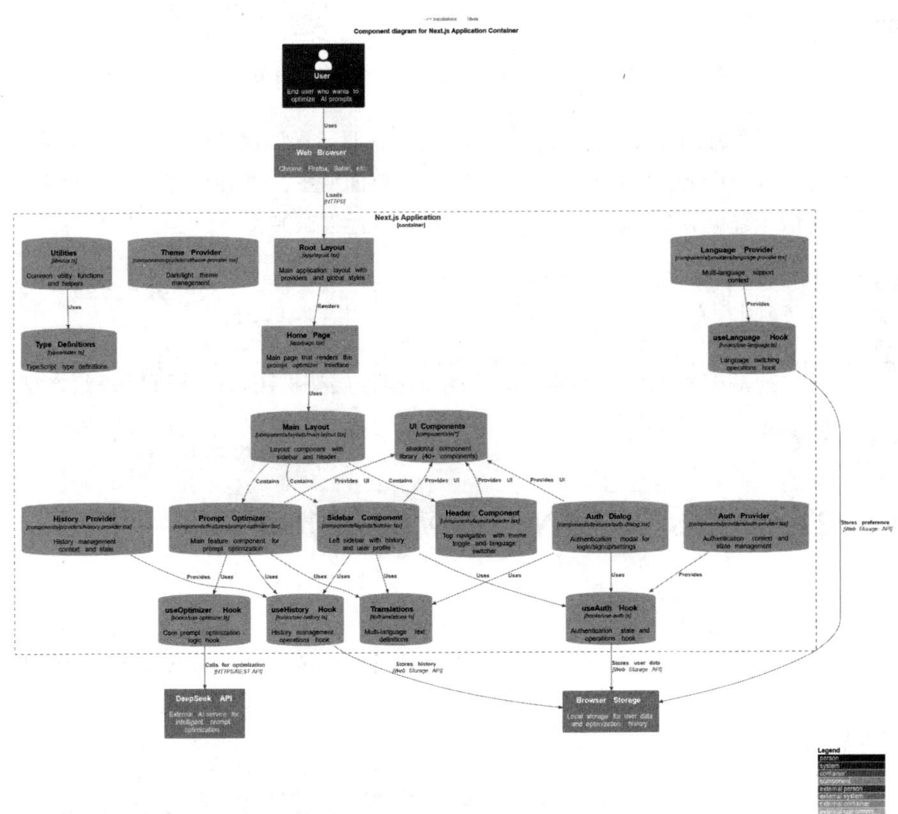

图 6-5　Promptyoo-1 产品原型 C4 模型组件层架构图

图6-5中的文字看不清没关系，因为我不会讨论图中的架构，只是展示这个在氛围编程工具与所搭配大模型组合的帮助下用“单次对话即成功”的方式生成的Web应用产品原型的软件架构复杂性。如果你有兴趣研究这个架构图，可以打开本书配套代码中的ch06-bolt-trae/c4-model-diagrams/c4-model-component-for-promptyoo-1.svg文件查看。

大致看一眼图6-5中显示的19个组件及表示它们之间关系的连线就能发现，Promptyoo-1产品原型的Next.js实现相当复杂，因此需要更多信息来帮助理解代码。我使用以下提示词，让Cursor为我详细介绍了这个产品原型的技术栈、目录结构和关键文件（限于篇幅，Cursor的回复略，读者可自行尝试）：

```
请全面介绍 @next-js-app 所使用的技术栈、各自的版本号及其用途。然后详细列出完整目录结构，并解释每个关键文件的作用，这样在未来需要添加功能或修复问题时，我能快速定位到相关文件。

重点说明需要手动修改的文件，对于工具自动生成和维护的文件只需简要说明。最后，列出在开发维护过程中最常需要修改的文件，作为重点关注对象。代码具体实现细节可以先不讨论。
```

对Next.js前端应用开发新手而言，了解用户界面元素如何与源代码文件对应尤为重要。因此，我向Cursor上传了产品原型的用户界面截图，并使用以下提示词获取了详细说明（限于篇幅，Cursor的回复略，读者可自行尝试）：

```
请查看应用界面截图，并用自然语言描述界面中的所有元素，以及它们与 @next-js-app 项目中相应源代码文件的对应关系。这将帮助我更好地理解每个文件的具体功能。
```

完成这些前期准备工作并参考图6-5所示的组件层架构图后，就可以开始修复bolt生成的Next.js应用中的bug了。

6.8　用Trae国际版修复Next.js应用中的bug

在修复bug前，我先需要做一个完整的排查。我将代码清单6-1和代码清单6-2中关于“基础提示词优化”和“智能提示词优化”业务需求描述复制到记事本，然后启动Promptyoo-1产品原型，逐一验证各项功能。经过测试，我发现bolt实现了以下3个与预期不符的功能，但可以接受（无须修复）。

- 用户无须登录即可存储、浏览、修改和删除提示词优化历史记录。（氛围编程需求原本规定未登录用户只显示“No history yet”。）

- 用户退出登录后，左侧边栏显示登录前的历史记录。（氛围编程需求原本规定退出登录后应清空历史记录。）
- 鼠标指针悬停在超长历史标题上会显示白底黑字的提示框。（氛围编程需求原本规定应为黑底白字。）

此外，我还发现了4个需要修复的bug：1个严重偏离预期的功能缺陷、2个未实现的功能模块，以及1个可能导致DeepSeek API密钥泄露的安全隐患。

接下来简要说明如何使用Trae国际版来修复这些bug。

6.8.1　修复一个严重偏离预期的bug

这个严重偏离预期的bug是当点击用户界面左上角的“New optimization”按钮时，没有任何响应，右侧的待优化提示词输入框和优化后提示词结果框也没有清空。

我原本以为这是个容易修复的小bug。但令我意外的是，即使使用Cursor（搭配Claude Sonnet 4大模型）和Trae国际版（搭配Claude Sonnet 3.7大模型）这两款当下顶级的氛围编程工具及大模型搭配组合，经过3轮连续对话和代码修复尝试，“New optimization”按钮点击后依然毫无反应。为避免其他章节的代码干扰，我用这两个AI原生IDE只打开了本书配套代码中的ch06-bolt-trae/next-js-app目录。以下是我最初尝试修复这个bug的提示词：

```
请你阅读 @next-js-app ①代码，找出以下功能相关的代码：“当用户点击左侧边栏的‘New optimization’按钮后，右侧的待优化提示词输入框和优化后提示词结果框应该清空并显示默认提示信息，效果类似于点击浏览器的刷新按钮”。目前发现点击该按钮后没有任何响应，右侧的待优化提示词输入框仍然保留着用户之前输入的提示词和优化结果。请修改相关代码来实现这个功能。
```

后来我发现，通过刷新页面就能达到想要的清空效果。于是，我用以下提示词尝试了Trae国际版（搭配Claude Sonnet 4大模型）：

```
请你阅读并修改#Workspace代码，实现“当用户点击左侧边栏的‘New optimization’按钮后，就刷新当前浏览器页面”功能。
```

令人惊喜的是，这个简单的提示词直接解决了这个bug。这也说明了在提示词中明确指出解决方案比泛泛而谈更加有效。这也印证了1.7节中的氛围编程高配组合优化

① 这是Cursor中的用法，Trae中用“#Workspace”，表示当前打开的项目代码。

提示词指导原则的有效性。

6.8.2　补充实现两个尚未实现的功能与项目规则文件

bolt尚未实现"访问DeepSeek API进行智能提示词优化"和"大模型回复内容的流式响应"功能。现在来看一下如何实现这两个功能。

首先实现"访问DeepSeek API进行智能提示词优化"功能。

我选择继续使用Trae国际版（搭配Claude Sonnet 4大模型）。要让Trae国际版补充这个功能，它需要了解完整的氛围编程需求。除了直接将需求复制到提示词中，还有一个更优雅的方案：将完整版的氛围编程需求保存到项目专属的规则文件中（如同5.7节使用项目规则那样，可以把规则理解为可复用的提示词）。创建规则文件只需点击Trae右侧AI聊天区域右上角的小齿轮图标，依次选择"Rules"和"Project Rules"，Trae就会在"next-js-app/.trae/rules"目录下创建"project_rules.md"项目规则文件，如图6-6所示。

图6-6　在Trae中创建项目规则

将6.6节中的完整版氛围编程需求复制到这个文件后，以后只要在提示词中使用"#project_rules.md"，Trae就能了解项目的整体需求，更好地补充功能，无须重复粘贴冗长的需求说明。准备好规则文件后，就可以用下面的提示词来实现这个功能：

```
请阅读#Workspace代码并参考#project_rules.md，找出相关功能代码。Promptyoo-1的提示词优化功能需要将原有的“基础提示词优化模式”设置为DeepSeek API的故障应急模式，同时默认启用新增的“智能提示词优化模式”来优化原始提示词。由于该功能目前尚未实现，请修改相关代码以实现此功能。

具体要求：
1. DeepSeek API key设置为“xxx”并保存在.env文件中
2. 在终端中打印DeepSeek API的连接日志，方便观察运行状态
```

Trae国际版给出了代码修改意见。我按照建议点击“Apply”按钮创建和修改文件，然后点击“Accept All”按钮确认。接着，我在.env文件中输入正确的DeepSeek API key，在Trae国际版的内置终端中运行`npm run dev`。当前端界面链接出现在终端后，我按住快捷键（在macOS系统上用“Cmd”，在Windows/Ubuntu系统上用“Ctrl”）并点击链接，在浏览器中打开了Promptyoo-1产品原型。通过浏览器的“Developer Tools”菜单打开开发者工具，选择“Console”选项卡查看日志。测试优化一个提示词后，“智能提示词优化”功能成功实现，浏览器终端也显示了DeepSeek API的访问日志。

接下来，我用以下提示词在Trae国际版中实现“大模型回复内容的流式响应”功能：

```
请阅读#Workspace 代码并参考#project_rules.md，找出与下述需求相关的功能代码：“为了提升使用体验，这个应用还具备流式响应（streaming response）功能。当DeepSeek API开始回复时，用户能在‘Optimize prompt’按钮下方的结果区看到文字逐字呈现的效果，让用户尽早看到优化后的提示词。”由于该功能目前尚未实现，请修改相关代码以实现此功能。

具体要求：在终端中打印与“streaming response”相关日志，方便观察运行状态。
```

按照Trae国际版给出的修改方案实施后，我运行`npm run dev`进行测试。流式响应功能已经实现，但发现优化后的提示词前总是带有“优化后的提示词”这个前缀。这导致复制并粘贴到AI聊天应用后还需要手动删除，很不方便。为解决这个问题，我又使用了下面的提示词：

```
在“Optimized prompt”按钮下方的结果区中，提示词优化结果前面被添加了字符串“优化后的提示词”。请删除这段多余文本，因为当用户点击右上角的Copy按钮时，会一并复制这段无关内容，需要手动删除很不方便。
```

Trae国际版成功修复了这个问题。现在，氛围编程需求中的功能已基本实现完成，产品经理可以让团队成员和用户开始试用这个产品原型。然而，我随后发现了一个潜在的安全隐患——产品经理在演示原型时可能会不慎暴露DeepSeek API密钥。

6.8.3　修复一个API密钥安全性问题

目前产品原型的DeepSeek API密钥以明文形式保存在ch06-bolt-trae/next-js-app/.env文件中。尽管本书配套代码的根目录下.gitignore已设置忽略.env文件，确保推送到GitHub或Gitee等公共代码仓库时不会泄露密钥，但产品经理在演示原型时（特别是在线直播或录屏时）可能会误开.env文件，存在密钥泄露的安全隐患。

为了解决这个问题，我咨询了Cursor（搭配Claude Sonnet 4大模型）。它建议将密钥从.env文件中移除，改为在用户点击“Optimize prompt”按钮时提示输入密钥。用户可从1Password等密码管理工具中复制密钥，而输入的密钥将以星号显示，有效防止密钥在屏幕上明文暴露。

于是我使用了以下提示词，让Cursor帮我实现API密钥的输入功能：

```
我觉得你说的“启动时密码输入（最安全演示方案）”很好。请你帮我修改 @next-js-app 中相应的代码，使得我在每次点击“Optimize prompt”优化提示词后，应用会提示我输入DeepSeek API 的密钥。这个密钥不要保存在任何地方。
```

Cursor很快完成了修改。不过，在测试时我发现，每次点击“Optimize prompt”按钮都需要重新输入密钥略显烦琐。于是我又用以下提示词让Cursor进行改进：

```
每次点击“Optimize prompt”按钮都要输入API key有些烦琐。请问你能否再次修改@next-js-app 中的相关代码，使得我在第一次输入这个API key后，应用能将其保存在next.js的后端应用里，使其不会暴露在前端。之后只要用户不关闭chrome浏览器，保持session不中断，再点击“Optimize prompt”按钮，应用能从后端session里获取这个API key，从而省去我输入key的麻烦。
```

Cursor很快完成了改进。测试结果表明，新功能运行良好——用户只需在首次使用时输入密钥，之后在同一浏览器会话中点击“Optimize prompt”按钮时就无须重复输入。这样就可以安全地删除.env文件中的密钥，从而彻底消除了密钥意外泄露的风险。

本章至此已完成通过编写精心设计的提示词，让bolt在单次对话中生成功能完整且可运行的Next.js应用，并用氛围编程方法修复了bug。然而，从图6-5可以看出，bolt生成的代码包含多达19个模块。对想通过氛围编程工具入门新编程语言及其技术栈的新手来说，一次性生成如此多模块的产品原型显然让新手吃不消。那么，该如何运用氛围编程工具来帮助零基础用户更加轻松地小步入门Web应用开发呢？

第四部分　进阶

第7章

用GitHub Copilot实现前后端分离的Web应用

无论是经验丰富的IT从业者，还是新入行的IT人员，都会遇到通过项目实践来学习不熟悉技术栈的挑战。以学习前后端分离的Web应用开发为例，在2024年6月Anthropic公司推出编程能力出众的Claude Sonnet 3.5大模型之前，人们通常会采用1.2.1节中描述的传统方法：先通过书或视频学习基础知识，然后参照其中的示例完成一个项目，最后把需求稍作修改后独立重写一遍。然而，当实际项目与学习材料中的示例存在较大差异时，学习者往往会感到无所适从。有了Claude系列大模型之后，入门前后端分离的Web应用开发变得更加简单，只需使用自然语言向氛围编程工具描述项目需求，它就能生成可运行的实战代码，并详细解释其架构和实现，让学习过程更加高效便捷。

通过本章学习，你将掌握如何使用中文对话让GitHub Copilot帮你开发一个名为“Promptyoo-0”的前后端分离的Web应用。这是一个极简版的提示词优化工具，将采用2025年主流的技术栈及其版本。

先来看一下Promptyoo-0的具体需求。

7.1 需求分析

不知道怎么高效地和AI聊天？Promptyoo-0能帮你。这是一个简单的应用，只要回答6个问题，就能得到高质量的提示词。把这些提示词复制到任何AI聊天工具里用，就能获得更好的回答。

下面是要回答的6个问题。

- 想让 AI 扮演什么角色？例如“提示词优化专家”。
- 想让 AI 面向谁回答？例如“AI 新手”。
- 想和 AI 聊什么话题？例如“提示词优化”。
- 想通过提问达到什么目标？例如“找到好用的提示词工具”。
- 想让 AI 用什么形式回答？例如“工具名称和网址”。
- 和 AI 聊天时有什么担心的？例如“怕 AI 编造信息”。

这6个问题分别对应6个要素，即角色（role）、受众（audience）、领域（boundary）、目的（purpose）、输出（output）和顾虑（concern），下文将其简称为RABPOC要素。

Promptyoo-0是一个演示氛围编程的简单工具。它能在本地计算机上运行（以便于演示），可以通过访问DeepSeek API获取优化后的提示词（需要在代码里的.env文件中配置API密钥）。即使没有API密钥，它也能自己将6个问题的答案组合成提示词。不管你是AI新手还是老手，只要填写这些问题，系统都会用DeepSeek API生成合适的提示词。

如果将RABPOC要素及其示例输入给Promptyoo-0，它可能会生成如下经DeepSeek API优化后的提示词：

```
请作为提示词优化专家，帮助AI初学者了解流行且可靠的提示词优化工具。提供一份专门用于提示词优化的知名工具清单，确保每个条目都包含工具名称及其官方网站链接。只收录在AI社区中经过验证且广受认可的工具，以避免AI产生幻觉。如果不存在此类工具，请诚实告知，不要编造信息。
```

【避坑指南】使用简单的“一句话提示词”有何不好？

与简单地说“给我一份提示词优化工具清单”相比，使用包含RABPOC要素的完整提示词会让AI工具给出更符合需求的回答。可以做一个实验：先用你常用的AI聊天工具，在新对话中输入包含完整的RABPOC要素的有关提示词优化工具推荐的提示词，观察AI聊天工具的回复。接着再开启新对话（不要在原对话中继续，因为AI聊天工具会受之前提示词的影响），只用上面那句简单的一句话提示词，对比两次回复。我的实验表明，使用简单提示词时，AI往往会推荐一些面向高级用户的工具，这与我作为AI初学者的需求并不相符。

为了提升用户体验，Promptyoo-0采用了流式响应技术。这样在Promptyoo-0生成优化后的提示词时，用户可以实时看到文字逐字显示，无须等待全部内容生成完毕。

提示　因篇幅所限，本章不实现提示词优化历史记录管理和多语言支持功能。感兴趣的读者可以自行实现。

【避坑指南】为什么不使用第 2 章介绍的扣子来开发 Promptyoo-0?

从需求描述可以看出，Promptyoo-0需要用户回答6个问题。最简单的实现方式是提供6个输入框供用户填写。而扣子AI应用开发平台主要专注于聊天应用，要在其中实现类似6个输入框的用户体验会非常困难（当然如果你有兴趣，可以阅读扣子的文档自行尝试）。因此，本章选择使用更适合实现输入框功能的Web应用来开发。

在企业IT部门中，需求通常由产品经理或需求分析人员录入项目管理系统以跟踪进展。为了真实还原IT人员的工作场景，并在氛围编程工具中体验一下本书撰写时大火的MCP（model context protocol，模型上下文协议）服务器（MCP服务器能让大模型访问外部工具，如Linear在线项目管理工具。Linear中管理的需求描述将用于后续让氛围编程工具Copilot提供架构设计建议。这样做的好处是当Linear中的需求描述发生了变化，Copilot也能获取最新版的需求描述），我已将上述需求录入Linear项目管理系统中的FSK-152这个issue（Linear项目管理工具的术语，用来定义工作项）中，如图7-1所示。

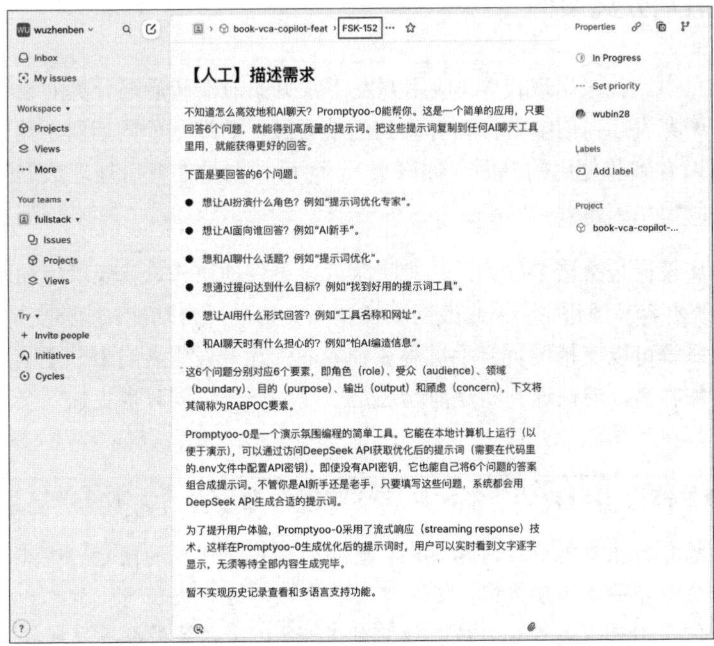

图 7-1　将需求描述录入项目管理系统 Linear 中

后文将演示如何通过Copilot中设置的Linear的MCP服务器来获取这些需求描述。

明确了需求，接下来看一下这个极简版的Web应用的软件架构该如何设计。

7.2　架构设计与Ask模式

软件架构设计就像建房子前要先画设计图一样重要。在开始编写代码之前，需要对整个软件系统做一个总体规划，这就是软件架构。这种规划涉及3个关键方面：首先，要确定系统各个组件如何排列，就像规划房间的位置；其次，要设计这些组件之间如何协作，类似于规划房间之间的门和走廊；最后，要明确每个组件的具体职责，就像决定每个房间的用途一样。

如果跳过架构设计这个重要步骤直接开始编码，很可能会遇到一系列问题：开发到半路可能发现整个设计思路有问题，不得不从头开始；随着项目推进，代码可能会变得越来越混乱，难以维护；添加新功能会变得异常困难。这些问题都说明了前期架构设计的重要性。

7.2.1　前后端分离架构

在本项目中，我采用现代Web应用开发中常见的前端和后端分离的设计方式。这种设计很像一家餐厅：前端就像顾客看到的就餐区，后端则如同后厨。具体来说，前端是用户可以看到和使用的界面（如网页），而后端则是在背后处理数据的部分，虽然用户看不到但至关重要。

这种分离设计带来诸多好处：开发团队可以更好地协作，就像厨师和服务员能同时工作；系统更容易改进，因为修改网页样式不会影响后台功能；能够支持多种设备，同一个后端系统可以支持网页、手机等多种界面；让开发者各自专注于自己的领域；问题定位更加容易，能快速判断是前端还是后端的问题；同时也更加安全，因为重要的数据处理都在后端完成。

【避坑指南】能否把所有功能都放在前端实现？都放在前端不是更简单吗？

如果把所有功能都集中在前端实现，就会遇到一个严重的问题。这就像一家餐厅想要没有厨房运营一样不切实际。首先在安全方面存在很大隐患：前端的代码是完全公开的，任何人都可以查看和修改，这可能导致API密钥等敏感信息泄露，甚至让不法分子有机会篡改重要数据，如商品价格。

除了安全问题，这种做法在技术层面也面临诸多挑战。应用的运行效果会严重依赖用户设备的性能水平。当多个用户同时使用系统时，很难保证数据的一致性。每次更新程序，都必须要求所有用户配合才能完成。更糟糕的是，核心功能很容易被竞争对手复制。最后，这种架构也使得与支付系统等外部系统的安全对接变得异常困难。

7.2.2　用Ask模式获取架构建议

如果你不太熟悉Web应用开发的前后端技术栈，可以使用Copilot的Ask模式，通过编写提示词向其支持的大模型寻求建议。

GitHub Copilot 的来历

在开始使用 Copilot 之前，不妨简单了解一下它的基本情况。

Copilot 是一款“传统 IDE 中的 AI 插件”类型的强大的 AI 编程助手，可在 Visual Studio Code、JetBrains 或 Xcode 等 IDE 中安装使用。它是第一个被广泛使用的氛围编程工具，可以帮助程序员自动写代码。这个由 GitHub 和 OpenAI 一起开发的工具，开创了氛围编程的新时代，也影响了后来很多类似的产品。

Copilot 的主要目的是让编程变得更简单和快速。它可以自动补全代码、把人类语言转换成代码、生成新代码、解释代码含义，还能将某种编程语言的代码片段转换成实现同样功能的另一种语言。

Copilot 从 2014 年开始发展，最初是微软的 Bing 代码搜索工具。2021 年 6 月微软在 Visual Studio Code 编辑器中推出测试版，2022 年 6 月开始收费，2023 年底升级使用了更强大的 GPT-4 大模型，2024 年允许用户搭配不同的大模型，如 GPT-4 或 Claude Sonnet 3.5。

从技术上看，Copilot 一开始使用专门为编程设计的 OpenAI Codex 大模型。这个大模型通过学习大量的代码（包括 159 GB 的 Python 代码）来理解各种编程语言。后来，Copilot 升级到了更强大的 GPT-4 大模型，并让用户可以自己搭配想用的大模型。

不过，Copilot 现在还有两个主要问题：一是关于版权的争议，因为它使用开源代码进行训练，可能有法律问题；二是安全问题，因为需要联网使用，可能会有代码泄露的风险。

从 2024 年 12 月 18 日开始，Copilot 推出了免费版。免费版每月可以使用 2000 次代码补全和 50 次对话，对编程需求不多的用户来说这已经够用了。这是 GitHub 第一次完全免费提供 Copilot 给个人开发者使用，不需要试用期，也不需要绑定信用卡。

Copilot的CHAT界面是一项集成在Visual Studio Code中的智能对话功能，让开发者能通过自然语言理解代码、调试问题或编辑多个文件。它提供了以下3种模式。

提示 确保你使用了 Visual Studio Code 1.99.3 及以上版本和 Copilot 1.303.0 及以上版本（如果版本过低，可能看不到 Agent 模式）。如果两者尚未安装或版本较低，可参考附录 A.5 和附录 A.6 进行安装或升级。

（1）Ask模式（Ask mode）。这种模式专门用于解答代码相关问题，包括代码解释、技术概念和设计思路等内容。它的最大优势是能快速获取技术建议，特别适合用于学习和理解代码逻辑。Ask模式有一个重要特点：AI不会自动修改代码，这保证了代码的安全性。不过，这也带来了一定限制——修改代码时必须手动点击相应按钮，无法实现AI自动修改。这种模式最适合以下3种场景：理解代码（如了解身份验证中间件的工作原理）、学习新技术（如探索目前主流的Web应用开发框架），以及在AI修改代码前进行人工确认。

（2）Edit模式（Edit mode）。这种模式可以根据自然语言指令直接修改代码，并支持跨文件操作。它的优势在于能自动化实现代码变更（不过在变更生效前，系统会提供代码对比视图及确认或回退按钮），例如重构代码或修复bug，从而提升开发效率。使用这种模式的前提是，你需要明确知道要修改哪些代码文件，并将它们添加到上下文中。当你清楚地知道需要在哪里修改代码时，这种模式特别适合快速实现功能（如在用户管理模块中添加邮箱验证字段）或修复错误（如修正循环中的空引用异常）。

（3）Agent模式（Agent mode）。这种模式能自主完成高层次开发任务，如搭建新功能或项目，并能调用工具链和迭代解决问题。它的优势是能减少人工干预，特别适合处理复杂任务，还能自动处理依赖和错误。但由于其高度自主性，会消耗更多token。这样当需求描述不够清晰或大模型产生幻觉时，它会更远地偏离正确方向。这种模式适合从零开始实现功能（例如根据已有的前端应用创建配套的后端代码）或处理多步骤任务（如优化前端性能并生成报告）。

提示 截至 2025 年 5 月，Agent 模式在 macOS、Windows 11（以下简称 Windows）和 Ubuntu 24（以下简称 Ubuntu）版本的最新版 Visual Studio Code 上安装的最新版 Copilot 插件上可用，但 Windows 10 版本并不支持。

要在Copilot的Ask模式中编写的提示词如代码清单7-1所示。

代码清单 7-1　listings/L7-1.md

```
你是资深的 Web 应用开发专家，我是 Web 开发新手。请你阅读 #get_issue FSK-152 中的需求描述，并为我推荐 3 种软件架构方案。要求这 3 种方案都是前后端分离的模式，且都包含 2025 年 Web 开发领域最流行的技术栈（要求为每个技术栈分别附上 2025 年最主流的版本号），并详细对比这些方案的优缺点及其最佳应用场景。
```

注意，代码清单7-1中的`#get_issue`是Linear MCP服务器提供的工具，用于获取一条需求记录，而`FSK-152`是该需求的编号。将这两部分组合使用，就能通过在Copilot中配置的Linear MCP服务器获取7.1节中存储在Linear项目管理系统中的需求描述（如图7-1所示），无须手动复制并粘贴。提交这段提示词后，Copilot会询问是否执行`get_issue`工具，点击“Continue”按钮即可执行。（Linear MCP服务器的配置见附录A.7。如果你觉得配置过于烦琐，可以暂时忽略这里和后文提到的MCP服务器相关工具，直接将需求描述复制并粘贴到提示词中即可。）

要想在Copilot里获取大模型对架构设计的建议，可以在Copilot的CHAT界面下的Ask模式中输入代码清单7-1中的提示词询问，如图7-2所示。

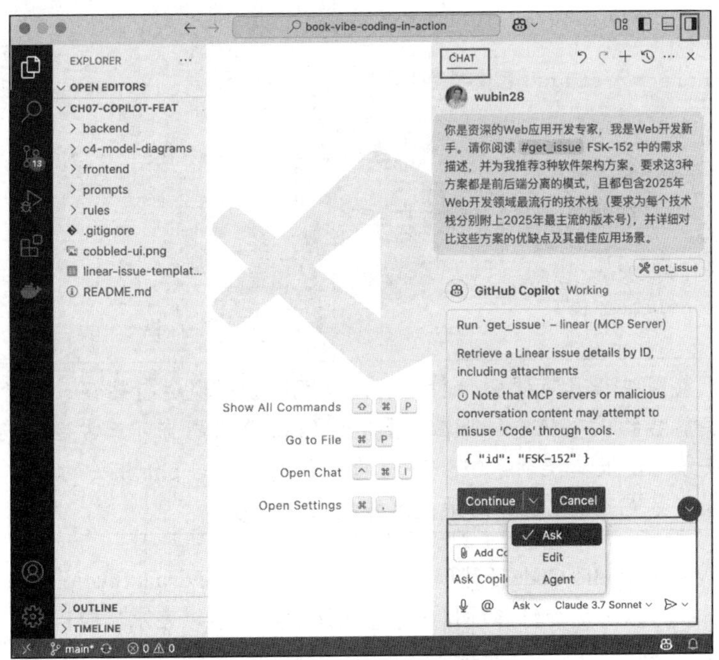

图 7-2　使用 Ask 模式询问大模型

进入Ask模式的具体步骤如下。

（1）创建项目目录。在终端运行以下命令，在个人目录下创建名为“my-copilot”的空目录，作为本章项目实战的根目录。

```
# 进入个人根目录
cd

# 新建项目目录
mkdir my-copilot

# 进入项目目录
cd my-copilot

# 在当前目录下初始化一个新的 Git 仓库
git init

# 复制配套代码根目录（名为 book-vibe-coding）下的.gitignore 文件到当前目录（命令最后那个点表示当前目录）
# 以便提交代码时忽略那些无须提交的代码（如系统自动下载的依赖库和包含API key这些保密信息的.env 文件）
cp ../book-vibe-coding/.gitignore .

# 将.gitignore 加入 staged 区域准备提交
git add .

# 提交代码，并附上提交消息
git commit -m "added .gitignore file"

# 查看刚刚进行的提交
git log --oneline
```

提示 由于氛围编程具有探索性特点，代码可能会出现运行错误。为了方便比较错误前后的代码状态，并在需要时能够回退到之前可正常运行的版本，需要安装 Git 版本控制系统。下面的命令中包含与 Git 相关的操作。如果你尚未安装 Git，可参考附录 A.8 中的安装说明。

（2）用Visual Studio Code打开项目（后文默认都已用Visual Studio Code打开项目，不再赘述）。执行以下命令打开项目，注意末尾要加上点以表示当前目录：

```
code .
```

（3）进入CHAT界面。点击Copilot右上角的“Toggle Secondary Side Bar”按钮（鼠

标指针悬停可见按钮名称）打开CHAT界面。也可以使用Chat快捷键（在macOS系统上用“Ctrl+Cmd+I”，在Windows/Ubuntu系统上用“Ctrl+Alt+I”）或Toggle Secondary Side Bar快捷键（在macOS系统上用“Opt+Cmd+B”，在Windows/Ubuntu系统上用“Ctrl+Alt+B”）。再次点击按钮或使用相同快捷键即可关闭CHAT界面。

（4）选择Ask模式：在Ask Copilot输入框下方“@”按钮右边，点击模式按钮切换至Ask模式。

（5）搭配大模型：点击“Ask”按钮右侧的大模型名称（默认是GPT-4o）按钮来切换搭配的大模型。确认搭配了Claude Sonnet 3.5（如果你订阅了Copilot的Pro，可以选择Claude Sonnet 3.7，因为这一系列大模型编程能力出众）。

（6）输入提示词：将代码清单7-1中的完整提示词复制并粘贴到Ask Copilot输入框中。

（7）提交：在Ask Copilot输入框中按回车键提交提示词，Copilot随后会将提示词发给所搭配的大模型处理，片刻你就能看到大模型的回复。

【避坑指南】该选哪款大模型？

点击图7-2中的“Claude Sonnet 3.7”按钮后，Copilot至少会显示可选择的5种大模型（免费版），即Claude Sonnet 3.5、Gemini 2.0 Flash、GPT-4.1 (Preview)、GPT-4o和o3-mini，其中前4种大模型适合快速编程，而o3-mini更适合推理和规划任务。根据我的实践经验，在编程能力方面，Claude Sonnet 3.5（或Claude Sonnet 3.7）的表现明显优于其他大模型。因此，除非特别说明，否则本章将默认使用Claude Sonnet 3.5（或Claude Sonnet 3.7）。

根据代码清单7-1中的提示词，Ask模式为我推荐了3种架构方案。由于AI能够详细解释当前流行的技术栈，因此在学习过程中选择架构时，可以优先考虑使用最热门的方案（这些方案在AI训练数据中有丰富的资料），即使对这些技术不太熟悉也无妨（因为不懂可以问AI）。在推荐的3种架构方案中，我选择了方案一。

为了在后续与Copilot交流时能明确引用方案一（AI很容易健忘），并确保Copilot基于该方案作答，我将方案一的内容保存到项目根目录下的rules目录中，文件名为rule-architecture.md。由于Copilot不像Cursor和Windsurf那样支持规则机制，只能通过手动方式来实现。代码库文件rule-architecture.md的内容如下：

```
## 方案一：React + Vite + TypeScript + Tailwind CSS（前端）& Node.js +
Express + TypeScript（后端）

### 技术栈及主流版本（2025 年预测）
```

```
- 前端：
  - React 18.x
  - Vite 5.x
  - TypeScript 5.x
  - Tailwind CSS 4.x
  - React Router v6.x
- 后端：
  - Node.js 20.x
  - Express 5.x
  - TypeScript 5.x
  - Jest 30.x（测试）
  - pino/winston（日志）
```

如果用C4模型架构图来可视化这个架构，得到的Promptyoo-0前后端分离架构图如图7-3所示。这张图有助于了解这个架构的核心组成部分（生成C4模型风格的架构图的方法参见6.3.2节）。

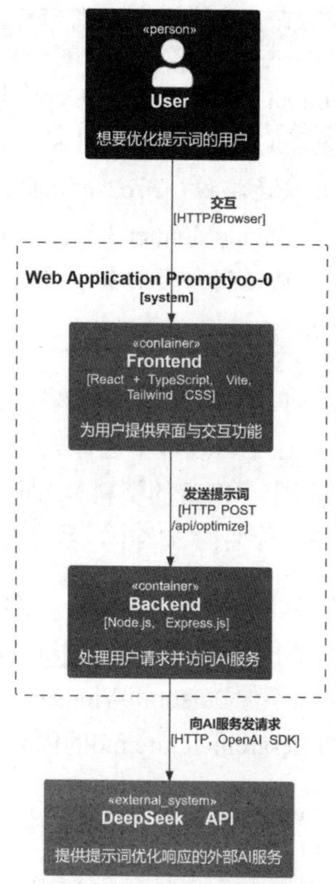

图 7-3　Promptyoo-0 前后端分离架构图（请求发送）

图7-3展示了Promptyoo-0应用的请求发送过程，展现了从用户到DeepSeek API的完整路径。

在这个系统中，终端用户与AI驱动的Web应用Promptyoo-0交互。Web应用分为两个主要部分：前端使用React、TypeScript、Vite和Tailwind CSS技术栈，负责用户界面与交互；后端采用Node.js和Express.js，处理请求并对接AI服务。此外，系统还依赖一个关键的外部组件DeepSeek API，它提供提示词优化服务。

整个请求流程简洁明了：用户通过浏览器与前端交互，前端将提示词通过HTTP POST请求发送至`/api/optimize`端点，后端则通过HTTP和OpenAI SDK与DeepSeek API通信。这构成了从用户输入直至DeepSeek API收到待优化的提示词这样一个完整的请求链路。

7.2.3　自动生成提交消息

创建完rule-architecture.md文件后，需要提交这个文件，以便和之后不同目的的代码提交进行区分。

【避坑指南】为何要创建完一个文件就提交代码？等项目完成后一起提交不是更简单吗？

如果等到项目完成才提交代码，就无法发挥Git这类版本管理工具的优势了。假设你没有及时提交，而是继续创建和修改其他代码、文档或配置文件。突然代码运行出错了，你向Copilot求助并获得了修复方案。但修复后又出现新的错误，不得不再次请教Copilot。经过多次反复，你终于失去耐心，想要回退到代码最后一次正常运行的状态。但因为你之前没有提交代码，所以现在无法找到那个良好运行的版本。最终，你只能删除整个项目，从头开始——这就是典型的因小失大。

在这个环节中，我发现了Copilot的一个令人惊喜的功能：它不仅能自动补全代码，还能自动生成代码提交消息。使用这个功能非常简单，只需点击图7-4中左侧从上往下数第3个图标（鼠标指针悬停在它上面会显示Source Control图标名，该图标右下角显示数字1，表示新创建的文件已被系统识别）。

然后点击左侧蓝色的“Commit”按钮右上方的生成提交消息的图标（鼠标指针悬停在这个图标上，会出现图标名“Generate Commit Message with Copilot”）。稍等片刻，Copilot就会在左侧生成一条基于当前代码变更的提交消息。如果对生成的内容不满意，你可以在提交前随时编辑。确认提交消息后，点击“Commit”按钮即可完成提交（在随后弹出的"There are no staged changes to commit"对话框中选择"Yes"）。这个功能免去了人工总结代码变更内容的烦恼。

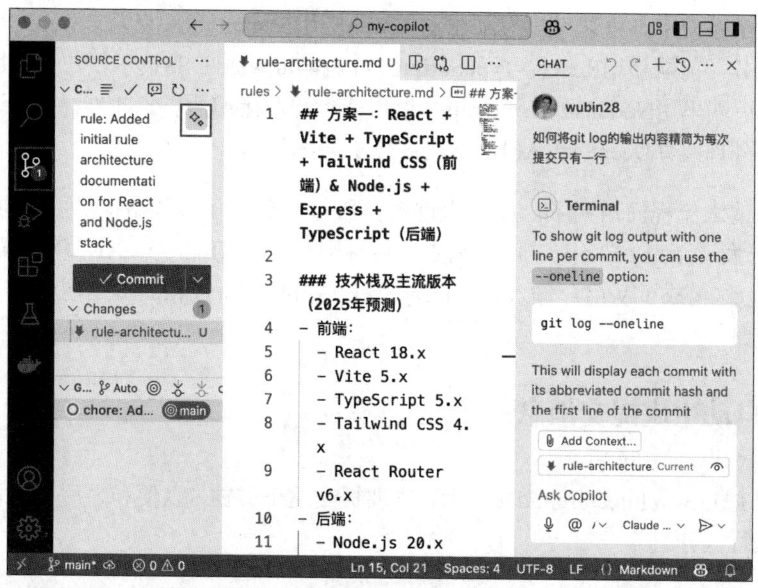

图 7-4 Copilot 能自动生成代码提交消息

【避坑指南】如何让提交消息更可读？

为了提高提交消息的可读性，便于通过Git查看近期代码变更，你可以采取两个措施：一是在完成每个原子化的代码变更后立即使用自动生成提交消息功能，这样一来因为原子化的代码变更所完成的功能便于大模型提炼，所以生成的提交消息也会更易懂；二是在提交消息开头添加乔希·布切亚（Josh Buchea）提出的提交消息类型，用于说明此次提交的主要目的。以下是几种常用的提交消息类型。

- feat：为用户实现的新功能。
- fix：为用户修复了bug。
- docs：更改了文档。
- style：格式化代码等。
- refactor：重构生产代码，例如重命名变量。
- test：添加缺失的测试、重构测试。
- chore：做了一些配置更改。

图7-4展示的代码变更是创建一个手工模拟规则机制的规则文件。虽然按惯例可

以用chore（因为规则可以视为一种配置）作为提交消息的前缀，但考虑到规则的重要性，我选择直接使用rule作为前缀。

由于Copilot自动生成提交消息不仅便利，而且频繁的小批量代码提交有助于追踪代码变更，因此本书后续将在完成每个原子性小功能后默认提交一次代码，不再特别说明。

明确了架构后，接下来就要进行任务拆解了。

7.3　任务拆解

在开始使用氛围编程方法之前，为什么要先拆解任务呢？难道不能像第6章那样"单次对话即成功"地直接把已确定的需求描述和架构设计交给氛围编程工具，让它一次性生成完整的可运行系统吗？

这确实是一个好问题。先拆解任务的原因在于本章与第6章中的实战目的不同。第6章主要面向产品经理或正在融资的创业者，他们希望快速生成可运行的Web应用产品原型，自然期望"单次对话即成功"，不愿中途遇到大量需要修复的运行错误。而本章的目标读者主要是有IT经验的人或IT新人，他们的诉求是通过小步迭代的实战来学习不熟悉的技术栈，因此中途遇到运行错误反而是好事，能让他们从大模型的修复方法中学到更多知识。

另外，拆解任务不仅有助于厘清思路和避免遗漏关键功能，还能让AI在有限的对话上下文中专注处理单个任务，从而产出更高质量的代码。

既然AI可以辅助编程，那也可以让AI来辅助进行任务拆解。我使用了以下提示词（注意，`#file`需要在开头手动输入并选择文件rule-architecture.md，否则不会在提示词中加亮起效，如图7-2右上方提示词中`#get_issue`那样字体变为带颜色），先是咨询了Copilot Pro（搭配Claude Sonnet 3.7大模型），然后咨询了Claude（搭配Claude Sonnet 3.7大模型，并开启"扩展思考"和"Web搜索"模式）我在下面的提示词中使用英文术语"vibe coding"，是因为大模型会根据提示词中的关键词在互联网中搜索，用英文关键词搜索会获得更丰富的内容。要让大模型搜索这个2025年新出现的术语需要开启"Web搜索"模式）。

```
#file:rule-architecture.md 是本项目的架构描述，#get_issue FSK-152 是本项目的需求描述。请基于这两个材料，作为精通任务拆解和 vibe coding 程的开发者，请针对我这位 Web 开发新手，使用 2025 年 Web 开发与 vibe coding 最佳实践来拆解任务，帮助我顺利完成这个应
```

用的开发。请按照最佳实践推荐的顺序排列这些任务，并确保每个任务都足够小且可执行。

在分析了两个氛围编程工具的答复后，我发现它们主要依据传统的编程最佳实践，而没有采用氛围编程方法。以Claude为例，它在前端界面开发中提出了4个子任务：创建核心组件、实现提示词表单组件、设计结果展示区域和实现响应式设计。这种拆分方式显然没有考虑氛围编程的特点，因为使用氛围编程时，这些任务只需“【用AI】根据界面文字描述直接生成前端代码”一步即可完成。尽管我为Claude启用了“Web搜索”功能可以检索最新技术文章，但它对氛围编程的理解仍然很浅显，只停留在一些表面的建议上，如设计清晰的提示词、建立迭代反馈循环、确保人类参与、采用组件化模块化设计以及注重用户体验等泛泛的内容。

这个结果并不令人意外，因为大模型的训练数据还没有涵盖氛围编程的相关内容。于是，我决定亲自动手，列出使用氛围编程实现Promptyoo-0的任务拆解清单（其中的第7步“前端单元测试”和第8步“后端单元测试”在完成后发现单元测试维护工作量太大，于是改为端到端测试，参见8.1节）。

（1）需求分析

【人工】描述需求

（2）架构设计与技术选型

【用AI】生成架构建议
【用AI】生成架构规则
【用AI】生成C4模型架构自然语言描述
【用AI】生成C4模型组件层架构图脚本

（3）任务拆解

【人工】在Linear里创建issue

（4）生成并修改用户界面文字描述

【人工】拼凑用户界面
【用AI】为拼凑的界面生成文字描述
【人工】修改界面文字描述以满足需求

（5）生成React前端代码

【用AI】根据界面文字描述直接生成前端代码

【人工】在本地计算机运行前端应用
【用AI】协助我看懂前端代码

（6）生成Node.js后端代码

【用AI】修改前端代码以备好发给后端的提示词
【用AI】生成后端代码
【用AI】修复运行错误
【用AI】修复功能异常
【用AI】实现流式响应功能

（7）前端单元测试

【用AI】搭建前端测试框架
【用AI】让第一个前端单元测试运行通过
【用AI】验证前端单元测试的保护效果
【用AI】补充其他关键的前端单元测试

（8）后端单元测试

【用AI】搭建后端测试框架
【用AI】让第一个后端单元测试运行通过
【用AI】验证后端单元测试的保护效果
【用AI】补充其他关键的后端单元测试

（9）代码评审

【用AI】可视化软件架构与代码对应关系
【用AI】评审并改进代码

上面这份拆解清单可以在本书配套代码中的ch07-copilot-feat/linear-issue-template.csv文件中找到——这是我从Linear中导出的需求列表，包含了所有拆分好的任务，也可以用作Linear导入需求的模板。从拆解清单中的“【用AI】”标记可以看出，我在任务执行中大量运用了AI的协助。

接下来的内容将按照上述任务拆解逐步展开。先来看一下如何生成并修改用户界面文字描述。

7.4　用户界面与Vision

作为一本介绍氛围编程的书，本书将使用自然语言让AI来设计用户界面。首先，我会准备描述界面的提示词，然后利用bolt这样的氛围编程工具，将这些提示词转化为前端原型代码。

【避坑指南】为何不用 Copilot 生成前端代码？

答案是可以用，但用户体验远不如bolt。我曾尝试在Copilot的Agent模式下用自然语言描述生成前端代码。然而，尽管提示词中明确要求“左右分屏”的界面，生成的代码却显示为上下分屏，而且时钟图标异常巨大。即便请求修复3次，这些问题依然存在。我还在Ask模式下用/new尝试创建新的前端项目，但运行时却遇到了“Build Error. Failed to compile. Next.js (14.2.28) is outdated (learn more)”［构建错误。编译失败。Next.js (14.2.28) 已过时（了解更多）］的错误。改用bolt来生成前端代码后，每次都能完美完成任务。

7.4.1　拼凑用户界面

如何用文字描述Promptyoo-0的用户界面呢？当然，可以像第6章那样用Figma绘制线框图，或者直接用纸笔手绘，再让AI识别并用自然语言描述，但在本章中我想尝试一种不同的方法。

有了AI这个得力助手的帮助，我可以采用“拿来主义”的做法，即参考现有的提示词优化工具界面，选取合适的部分进行截屏，然后用PPT将这些截屏拼接起来。之后，让AI为我把这个拼接好的界面转换成文字描述。

有人可能会问：“这种拼接的界面中肯定有需要调整的文字和图像，难道还要去P图吗？太麻烦了吧。”其实不用担心。我可以先让AI描述这个未经完善的界面，然后只需修改AI生成的文字描述即可。这样做比修图更简单，也比在Figma中从头设计原型要省力得多。

在浏览并测试了AI推荐的几款提示词优化工具后，我相中了在线提示词优化工具PromptPerfect的左侧边栏界面，又觉得在线提示词优化工具Prompt Hackers的ChatGPT Prompt Optimizer的右侧提示词输入区也不错。虽然后者的提示词输入框数量不够，但我可以在后期添加。把这两者拼接起来，就是我想要的界面。我在PPT中将这两个部分组合成了一个完整的用户界面，如图7-5所示。

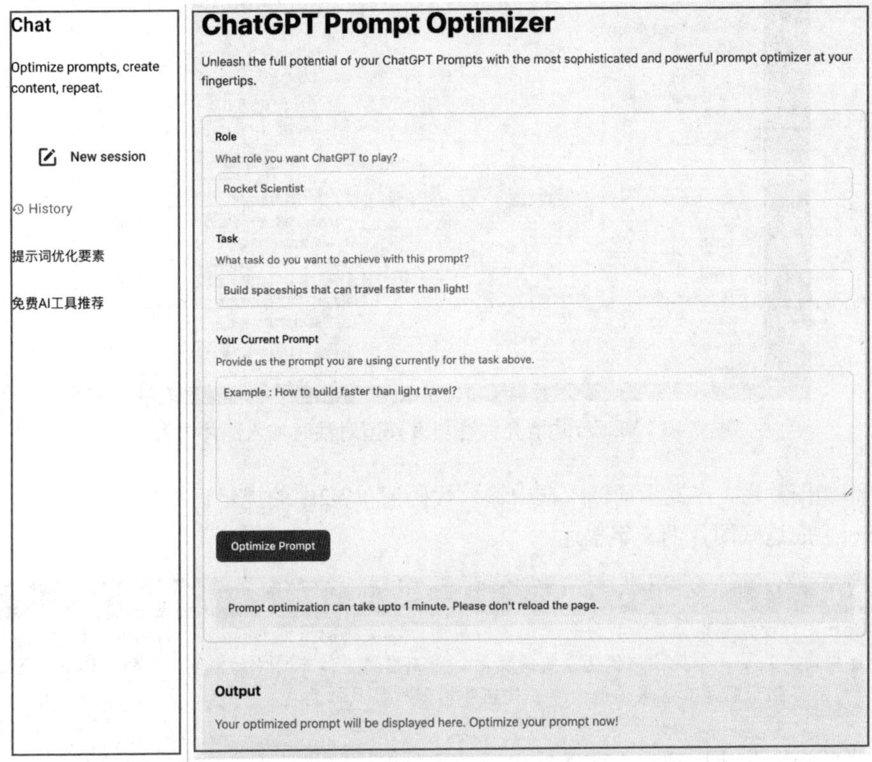

图7-5 拼凑成的用户界面

7.4.2 为拼凑的界面生成文字描述

图7-5中左侧边栏中“Chat”部分的文字描述需要修改，右侧提示词输入区也需要调整，要将当前的3个输入框扩展为6个，并更新标题和说明文字。不过，正如前面提到的，不必急于修改图片本身，先用Copilot生成这张图的文字描述，之后再进行必要的调整。

要让Copilot识别图7-5，可以使用Copilot的Vision功能。Vision功能允许在与大模型对话时加入图片内容。最简单的方法就是用鼠标将图7-5对应的文件（本书配套代码中的ch07-copilot-feat/cobbled-ui.png文件）拖曳到Copilot右下方的提示词输入框，作为对话的上下文，如图7-6所示。

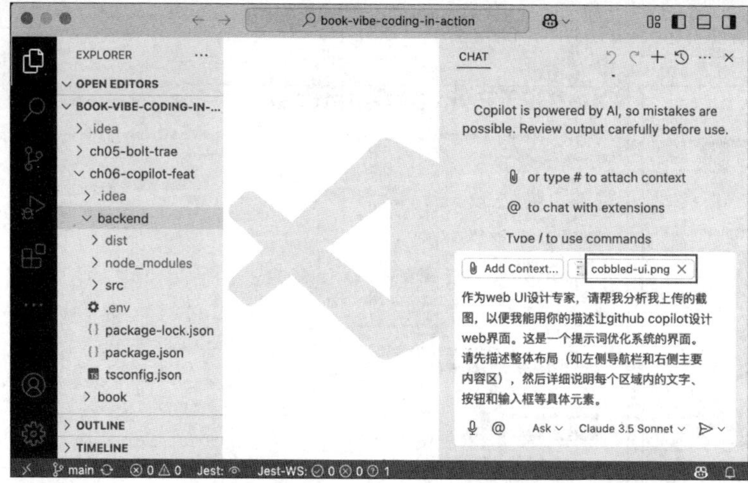

图 7–6 Vision 功能允许在与大模型对话时加入图片内容

添加图片后，在提示词输入框中输入代码清单7-2中的提示词，然后按回车键，让Copilot生成这张图片的文字描述。

代码清单 7-2 listings/L7-2.md

```
作为 Web UI 设计专家，请帮我分析我上传的截图，以便我能用你的描述让 GitHub Copilot 设计 Web 界面。这是一个提示词优化系统的界面。请先描述整体布局（如左侧导航栏和右侧主要内容区），然后详细说明每个区域内的文字、按钮和输入框等具体元素。
```

当Copilot生成用户界面文字描述后，可以将这些描述保存到另一个文件（后缀可以是“.md”）中，并根据Promptyoo-0的需求修改文字内容。然后，在修改好的界面描述前添加代码生成的要求，就可以将其发送给bolt来生成前端代码了。完整的提示词如代码清单7-3所示。

代码清单 7-3 listings/L7-3.md

```
作为 Web UI 专家，请根据下面的 Web 应用开发架构设计中的前端框架和最佳实践，以及后续的界面描述，为 AI 提示词优化应用生成用户界面。下面是架构设计：
（略，见 7.2.2 节方案一）

下面是界面描述：

### Overall Layout
The interface follows a two-column layout:

1. **Left Sidebar**:
- Logo/Brand section with "Chat" text and subtitle
```

```
- "New session" button with a pen icon
- "History" section with clock icon
- Two history items in Chinese characters

2. **Main Content Area (Right)**:
- Header with "Promptyoo" title
- Descriptive subtitle text
- Form sections for prompt optimization

### Detailed Components

#### Left Sidebar
- Brand section:
  - "Chat" in large text
  - Subtitle: "Optimize prompts to include RABPOC."
- Black in bold "New session" button with pen icon
- History section with grey clock icon
- Two navigation items in Chinese
  - "提示词优化要素"
  - "免费AI工具推荐"

#### Main Content Area
1. **Header Section**:
   - Title: "Promptyoo"
   - Subtitle: "Want high-quality AI responses? I can help you optimize
your prompts. Before asking AI a question, simply provide brief answers
to these 6 sub-questions that help generate high-quality prompts. Then,
I'll ask DeepSeek to generate an excellent prompt based on your answers.
You can then copy this prompt to ask AI."

2. **Input Form**:
   - **Role Section**:
     - Label: "R: What role you want AI to play?"
     - Text input field with "Prompt Optimization Expert" as example

   - **Audience Section**:
     - Label: "A: What Audience you want AI to generate content for?"
     - Text input field with "AI tool beginners" as example

   - **Boundary Section**:
     - Label: "B: What Boundary should AI focus on for this discussion?"
     - Text input field with "Prompt optimization" as example
```

```
  - **Purpose Section**:
    - Label: "P: What Purpose you want AI to help you achieve?"
    - Text input field with "find popular prompt optimization tools"
      as example

  - **Output Section**:
    - Label: "O: What Output format you want AI to generate?"
    - Text input field with "tool name (official website link)" as example

  - **Concern Section**:
    - Label: "C: What Concern you have about this discussion with AI?"
    - Text input field with "AI hallucinations (if not found, please
      be honest and don't make up information)" as example

3. **Action Area**:
  - Blue "Optimize prompt" button

4. **Output Section**:
  - Gray background section
  - Label: "Optimized prompt"
  - Helper text: "Your optimized prompt will be displayed here. Optimize
    your prompt now!"
```

从代码清单7-3可以看出，这段文字描述已将标题和内容更新为与Promptyoo-0应用相关的内容，并且把提示词输入框扩展到了6个。

【避坑指南】为什么代码清单 7-3 中的用户界面描述用英文而不用中文？

虽然你可以在提示词中要求AI用中文生成描述，但我觉得用英文更为便利。原因在于，让AI根据这段描述生成前端代码时，代码中的变量名一般还是使用英文，如“角色”在代码中就得写作“role”。使用英文描述可以避免大模型在处理代码和界面时频繁切换中英文，从而减少因翻译不一致导致的错误，使整个开发流程更加顺畅。

7.5　用bolt生成React前端代码

由于bolt在生成前端代码方面的优秀表现，我选择使用它来生成前端代码。将代码清单7-3中的提示词提交给bolt后，系统迅速生成了前端代码，并提供了实时预览效果，如图7-7所示。

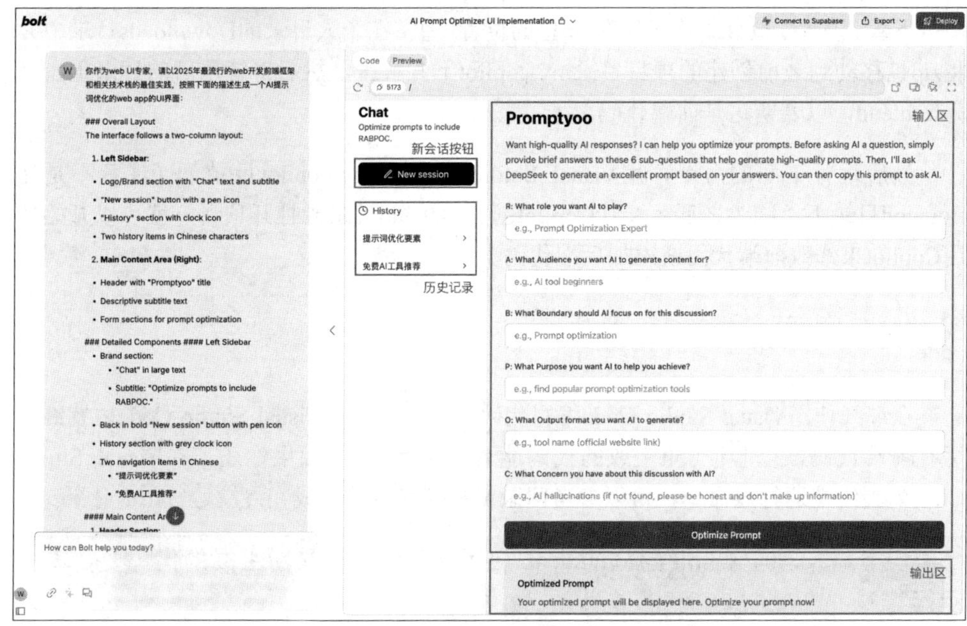

图 7–7　预览 bolt 根据提示词所生成的前端代码

图7-7右侧的前端界面展示了Promptyoo-0应用的主要功能。

（1）核心功能：通过7.1节介绍的6个关键要素（RABPOC要素）帮助用户优化AI提问的提示词，从而获得更高质量的AI回答。

（2）操作流程：用户填写6个关键要素的简短答案后，系统自动生成优化后的提示词，用户可直接复制使用。

（3）界面模块：左侧边栏导航展示新会话按钮和历史记录（如“提示词优化要素”和“免费AI工具推荐”）；右侧提示词输入区引导用户逐步填写RABPOC要素；右侧下方输出区实时显示优化后的提示词，支持一键复制。

（4）设计特点：采用简洁的分步交互，减轻用户认知负担；配备示例说明（如每个要素的“e.g.”提示），提高易用性。

（5）用途：适用于需要精确控制AI输出的场景（如工具推荐、学习辅导等），特别适合AI初学者使用。

点击图7-7上方的“Code”选项卡，就能查看和修改生成的前端代码。生成前端代码后，点击图7-7右上角的“Export”按钮并选择“Download”下载代码zip包。（如果你以前没有通过浏览器下载并解压zip包到个人目录，可以参考附录A.9完成这些操作。）

下载完成后，检查浏览器保存zip包的位置（通常在个人目录的Downloads目录中），将zip包移动到之前创建的项目目录my-copilot下并解压，然后将解压后的目录重命名为frontend，以表明这是前端代码。

最后运行下面的命令，用Visual Studio Code在my-copilot目录下（注意不是在frontend目录下，因为之后还要让Copilot创建backend目录）打开项目，就可以开始使用Copilot来修改前端代码或添加后端代码了：

```
cd ~/my-copilot
code .
```

在继续使用Visual Studio Code编写代码之前，需要在Visual Studio Code内置终端运行前端代码，以验证bolt生成的代码能否正常运行。（如果你还未在Visual Studio Code内置终端运行过命令，可以参考附录A.10和7.5.1节完成在终端运行npm命令。）

【避坑指南】为何像 bolt 这样的 Web 应用氛围编程工具所生成的代码要在本地运行？

因为7.1节中的需求描述已经明确要求Promptyoo-0 Web应用“在本地计算机运行”。虽然图7-7显示代码在bolt云平台上运行良好，但在本地环境中不一定如此。这是因为bolt生成的前端代码依赖于特定版本的JavaScript库。这些代码在bolt的云平台上运行正常，是因为这些代码已经过工程师测试。但是，本地环境可能缺少这些特定版本的依赖库，从而导致运行问题。

我曾使用过另一款类似的Web应用氛围编程工具v0，也遇到了同样的情况。v0生成的代码在其云平台预览时运行正常，但下载到本地后却在运行`npm install`时出现无法解析依赖树的错误。解决这类问题最有效的方法是将本地运行时的完整错误消息提供给Copilot，让它帮助修复。

7.5.1　在本地计算机运行前端

在本地计算机运行前端应用可以在Visual Studio Code内置终端中进行。打开Visual Studio Code内置终端的方法是，在菜单栏选择“Terminal”，点击“New Terminal”，或者按显示内置终端快捷键（在macOS系统上用“Cmd+`”，在Windows/Ubuntu系统上用“Ctrl+`”）。之后在内置终端里输入以下命令：

```
# 进入前端代码目录
cd frontend
```

```
# 安装依赖包以便启动开发环境
npm install

# 启动开发环境以便本地运行前端应用
npm run dev
```

如果在运行上面npm install命令时遇到错误且不知该如何让AI帮你处理，可以参考附录A.11获取解决方案。

运行npm run dev命令后，终端将显示与图7-8所示界面类似的界面。

按住快捷键（在macOS系统上用“Cmd”，在Windows/Ubuntu系统上用“Ctrl”），然后点击图7-8中方框标注的链接“http://localhost:5173/”，即可在浏览器中看到图7-7右侧所示的前端界面。

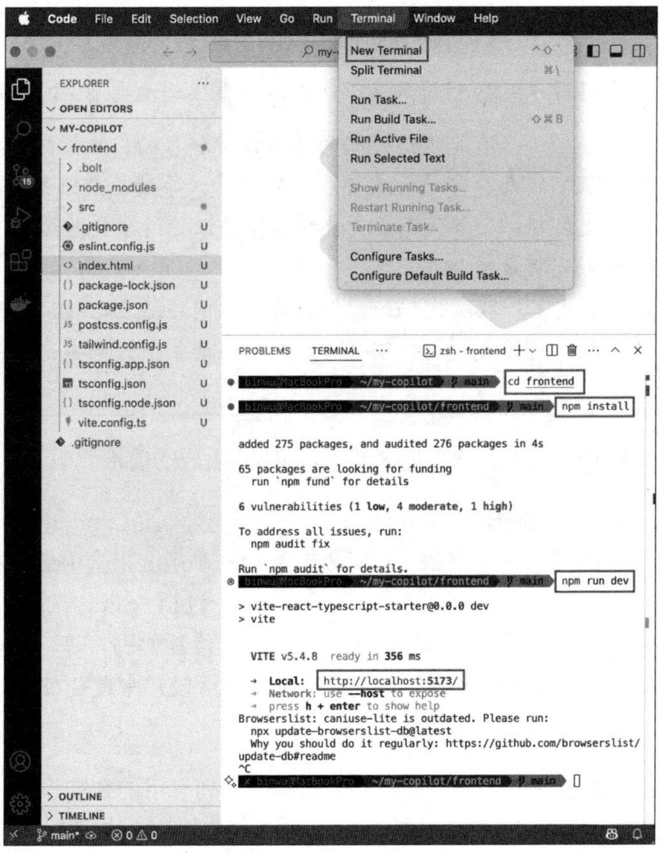

图7-8　运行前端开发环境

7.5.2　看懂前端代码与/explain和#codebase

对编程新手而言，在氛围编程工具出现前后看懂代码的重点有着显著差异。在AI出现之前，看懂代码重点聚焦于如何通过代码实现功能（how），以进行手工编程。而在AI出现之后，由于AI能够快速生成高质量代码，看懂代码的重点转向了理解代码的设计理念（what）和优劣势（why），从而能在AI协助下高效地进行代码修改和调整。

与第3章和第4章只处理单个代码文件的简单应用不同，第5章、第6章和本章都涉及多文件的Web应用。在看懂这类代码时，除了要理解单个文件内的函数调用，还需要掌握跨文件的函数调用和配置关系。但最重要的仍然是理解为什么这样设计，这样才能让AI根据不断变化的需求有效地调整代码。

【避坑指南】为何一定要看懂代码后才能在 AI 的帮助下高效地调整代码？

一定要看懂代码后才能在AI的帮助下高效地调整代码主要有3个原因。

（1）更好地指导AI：只有先理解代码的整体设计和目的，才能给AI准确的指示。如果不了解代码就让AI修改，可能会破坏原有的设计，导致后期维护变得困难。

（2）更聪明地使用AI：理解代码后，就知道哪些工作适合交给AI做，哪些需要自己处理。这样能让AI发挥最大作用。

（3）节省时间和成本：理解代码就能够准确定位问题所在的模块和函数，从而能更有针对性地指导AI进行修复。这样可以避免让AI阅读整个代码库，节省时间和token消耗。

可以用Copilot的`/explain`功能来帮助看懂bolt生成的前端代码。

`/explain`是一种智能操作（smart action）。智能操作是Copilot的一项重要功能，允许用户通过简单的提示词缩略语（参见本节最后一个避坑指南中的解释）快速获取AI辅助，而无须手动编写复杂的提示词。这些操作包括`/explain`（解释代码）、`/tests`（生成测试）、`/doc`（生成文档）和`/fix`（修复代码）等，所有这些智能操作都可以在Visual Studio Code编辑器CHAT界面的Ask模式中便捷使用。通过智能操作，开发者能更高效地完成日常编程任务。

在Ask模式中提示词开头输入“/”，会显示一系列可用的智能操作（其他智能操作的用法可用查看Copilot官方指南中的Copilot Chat速查表），如图7-9所示。

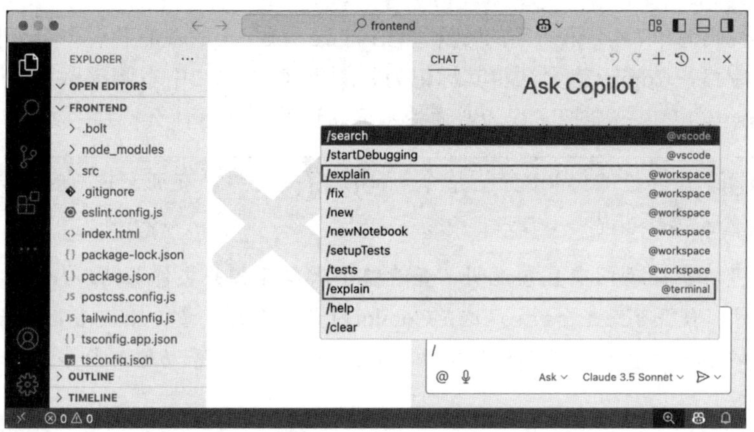

图 7-9　在 Ask 模式中提示词开头输入“/”会显示一系列可用的智能操作

在图7-9中，你会发现两个`/explain`操作。它们的区别在于右侧显示的聊天参与者（chat participant）：上面的`@workspace`是Copilot内置的代码分析专家，负责提供当前项目的专业知识；下面的`@terminal`则专门处理终端命令相关的问题。智能操作通常与聊天参与者相关联，所以在输入/后，相应的聊天参与者会自动显示。因为我要分析项目代码，所以选择`@workspace`。

【避坑指南】常用的聊天参与者类型有哪些？

Copilot提供以下几种主要的内置聊天参与者。

- @workspace：可以回答有关整个代码库的问题。Copilot 会根据问题内容智能检索相关文件和符号，并通过链接和代码示例提供答案。
- @terminal：可以回答有关终端命令和shell操作的问题。
- @github：可以回答有关代码仓库中的议题、拉取请求等内容。
- @vscode：可以回答Visual Studio Code相关的问题。

在Ask模式中提示词开头输入@即可看到所有可用的聊天参与者。

让Copilot帮我看懂前端代码的提示词如代码清单7-4所示。

代码清单 7-4　listings/L7-4.md

```
@workspace /explain 请从整体上分析 frontend 目录下的前端代码 #codebase 。首先全面介绍所使用的技术栈、各自的版本号及其用途。然后详细列出前端的完整目录结构，并解释每个关键文件的作用，这样在未来需要添加功能或修复问题时，我能快速定位到相关文件。重点说明需要手动修改的文件，对于工具自动生成和维护的文件只需简要说明。最后，列出在开发维护过程中最常需要修改的文件，作为重点关注对象。其中的代码具体实现细节可以先不讨论。
```

注意代码清单7-4中第一句的特殊写法：#codebase的左右各有一个空格，如果没有这些空格，Copilot就无法将其标记为带颜色（如图7-2中右侧提示词中带颜色的#get_issue），也就会把它视为普通提示词。这种写法有什么特别之处呢？

【避坑指南】如何让 Copilot 分析整个代码库相关文件？在 Ask 模式中编写提示词经常以什么作为开头？

虽然可以在提示词中直接说明“查看整个代码库相关文件”，但有一个更简便且精确的方法：使用#codebase。这是Copilot内置的聊天变量（chat variable），它会自动为提示词添加“整个代码库相关文件”的上下文。比起手动输入长串文字，这种方式更加高效。

本书将Copilot内置的聊天变量、聊天参与者和智能操作统称为提示词缩略语。在Copilot中的Ask模式中编写提示词时，一种常见的模式是先确定哪个聊天参与者和智能操作最适合完成任务，并将它们写在提示词开头，即Copilot提示词的开头一般是“@聊天参与者 /智能操作”（注意，两个提示词缩略语之间要有空格），然后补充相关的自然语言描述。

例如，代码清单7-4中的提示词旨在分析前端代码的整体情况，因此选择了聊天参与者@workspace和智能操作/explain作为开头。在提示词正文中，如果需要引用特定上下文，则可以使用聊天变量，如上面提到的#codebase。

在Ask模式的提示词输入框中输入#时，你可以看到所有可用的聊天变量列表。（如果你在一行中文提示词中插入#却看不到聊天变量列表，可以先在提示词中那个插入位置输入两个连续的空格，然后把光标移动到两个空格之间，再输入#，应该就能看到聊天变量列表。）（其他聊天变量的用法可用查看Copilot官方指南中的Copilot Chat速查表。）

复制代码清单7-4中的提示词到Ask模式的输入框并按回车后，@workspace立即开始分析前端代码（相关代码可在本书配套代码中的ch07-copilot-feat/frontend-by-bolt-only目录中找到），并提供详细结果（参见本书配套代码中的ch07-copilot-feat/prompts/prompt-comprehend-frontend-code.md文件）。

7.5.3　格式化代码

由于frontend/src/App.tsx是决定前端界面呈现的根组件文件，需要重点分析它的结构和功能。

在分析这个文件之前，先执行npm和npx这两条代码格式化命令来优化阅读体验。这些命令会调整代码缩进，并将过长的代码行重新排版，使其能在一屏内完整显示，避免需要水平滚动。因为已经安装了Git，所以现在可以方便地查看格式化后的效果了。要执行的命令如下：

```
# 按快捷键（在 macOS 系统上用“Cmd+`”，在 Windows/Ubuntu 系统上用“Ctrl+`”）打开
Visual Studio Code 内置终端
cd frontend

# 安装 Prettier 作为开发依赖，用于代码格式化
npm install --save-dev prettier

# 使用 Prettier 格式化 src 目录下的所有 TypeScript 和 TypeScript React 文件
npx prettier --write "src/**/*.{ts,tsx}"
```

执行完上述命令后，在Visual Studio Code中点击左侧从上往下数第3个图标（该图标右下角显示数字4，表示有4个文件变更），你可以看到右侧列出了自上次执行git commit命令以来所有变更的文件。其中App.tsx和main.tsx这两个文件的变更是由代码格式化命令导致的。点击App.tsx文件，右侧会显示该文件的新旧版本对比，如图7-10所示。

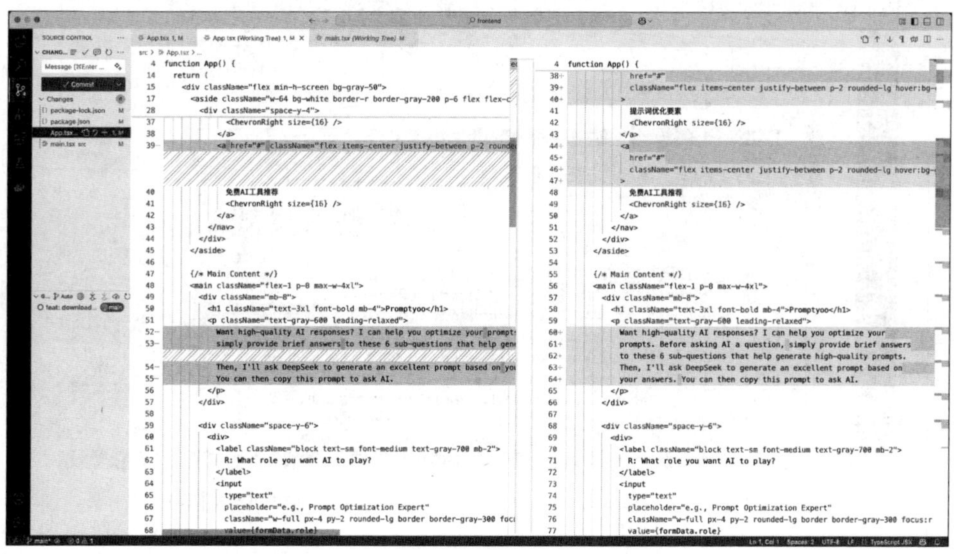

图 7–10　运行代码格式化后的效果

从图7-10可以看出，右侧第44～47行重新排版了左侧过长的第39行，使其尽量能

在一屏内显示（实际上并没有，但比之前好些了）。同样，右侧第60～64行也对左侧第52～55行进行了重新排版，让内容能够在一屏内完整显示。

【避坑指南】如何提升代码阅读体验？

在每次执行git commit进行代码提交之前，都要运行一次代码格式化命令。这样能自动修复混乱的代码缩进和过长的代码行，让代码更整洁，提升代码阅读体验。

7.5.4　用Inline Chat的/doc为代码加注释

为了理解App.tsx代码文件的原理，可以使用Copilot的Inline Chat（内联聊天）功能来添加和阅读代码注释。操作步骤如下：首先选中需要操作的代码，由于此时要为整个App.tsx文件添加注释，可以使用快捷键（在macOS系统上用“Cmd+A”，在Windows/Ubuntu系统上用“Ctrl+A”）选中所有代码；然后使用Inline Chat快捷键（在macOS系统上用“Cmd+I”，在Windows/Ubuntu系统上用“Ctrl+I”）激活内联聊天，最后输入“/”，这样就能列出AI所能执行的各种智能操作，如图7-11所示。

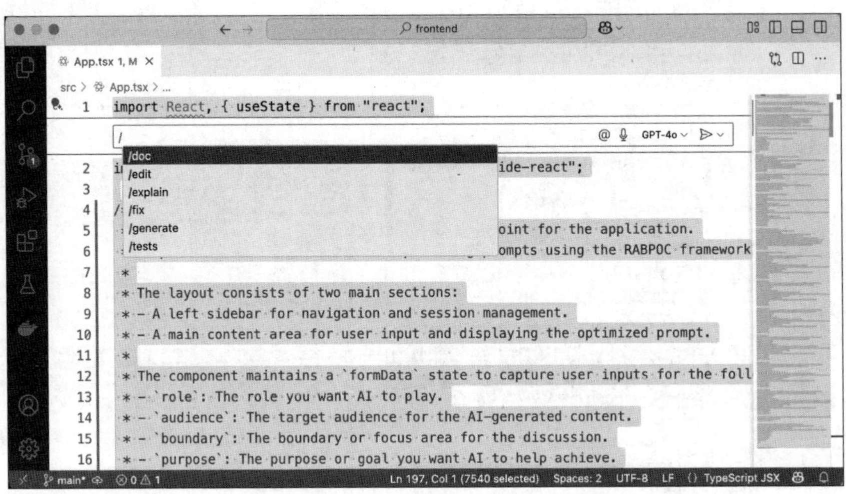

图 7-11　用快捷键“Cmd+I”或“Ctrl+I”进入 Inline Chat

为了添加注释，选择/doc操作（可以看到Inline Chat输入框右侧显示默认搭配GPT-4o大模型，经过我的试用，发现这个大模型编写文档的能力优于其他4个），然后加入RABPOC要素风格的提示词，具体如下：

```
/doc 作为 Web 前端开发高手，请针对我选中的代码为新手写注释，要求新手读完后能理解这些代码的作用，以便将来需要修改代码时，知道去哪里修改。如果你看不懂，就实说，不要编造。
```

之后按回车，Copilot就会开始生成注释文档。点击“Accept”按钮接受修改后，代码注释就自动添加完成了。注释会包括组件结构、关键功能、修改方法及新手指南。通过阅读这些注释，就可以更好地理解App.tsx的代码结构，以方便未来增加新功能或修复缺陷。

有一点需要注意，当你让大模型改动了代码后，相应的注释也需要更改，否则就有可能成为“指向错误方向的指路牌”。所以大量注释的添加其实是一把“双刃剑”，要慎用。等你理解了注释后的代码，就可以把注释删掉，因为大模型通常能生成命名揭示意图的代码，所以代码本身就已经是很好的“注释”了。

7.5.5　用Inline Chat的`/fix`修复问题

查看图7-7右侧的用户界面时，你会发现左侧边栏History下显示了两个示例历史对话的标题。由于Promptyoo-0目前尚未实现历史对话管理功能，这些示例并不适合显示。不过，我想保留bolt设计的历史对话标题样式，以便后期添加该功能时使用。解决方案是将这两条示例历史对话在代码中注释掉——这样代码中仍保留着相关内容，但用户界面上就不会显示了。

要注释掉前端代码，步骤很简单：在App.tsx中使用Shift+方向键选中目标代码（选中`<nav>`标签内包含两条对话标题的所有内容），然后按Inline Chat快捷键，输入`/fix`操作，并添加提示词“请注释掉所选代码”。按回车确认后，点击两次“Accept”按钮（即分别确认添加注释的开头和结尾）即可完成操作。

前端代码的生成工作已经告一段落。接下来开始编写后端代码。

7.6　生成Node.js后端代码

根据图7-3中的架构图，前端会将提示词发送至后端，然后后端通过DeepSeek API来优化这些提示词。因此，开发后端代码之前，需要先在前端准备好这些提示词。为了方便查看提示词的准备状态，我计划添加以下功能：用户点击“Optimize prompt”按钮后，系统会在“Optimized prompt”区域下方显示准备发送给DeepSeek API进行优化的提示词。

7.6.1　备好发给后端的提示词与Edit模式

在通过7.5.4节的注释理解了App.tsx代码后，我发现只需在App.tsx文件中修改代码就能完成后端提示词的准备工作。针对这种已明确需要修改哪些文件的场景，可以在Copilot的CHAT界面中使用Edit模式（参见7.2.2节）。具体步骤如下。

（1）打开Copilot的CHAT界面。

（2）选择App.tsx作为上下文。点击Visual Studio Code左上角Explorer图标，在my-copilot目录树中找到并打开frontend/src/App.tsx文件，使其成为当前文件（current file）。该文件会自动添加到Visual Studio Code界面右下方的Context中（显示为“App.tsx Current file”），作为与大模型对话的上下文。

【避坑指南】如何把多个文件加入上下文？

虽然当前文件会自动加入上下文，但同一时间只能有一个当前文件。如果想添加多个文件到上下文，可以在Explorer的目录树中找到目标文件，右键单击后选择“Copilot”→“Add File to Chat”。重复这个步骤，直到添加完所有需要的文件。

（3）选择Edit模式。在Ask Copilot输入框下方点击“Ask”按钮后选择Edit模式。

（4）输入提示词。将代码清单7-5中的提示词复制并粘贴到Ask Copilot输入框中。

代码清单 7-5　listings/L7-5.md

```
请修改代码，让程序在点击“Optimize prompt”按钮后，在“Optimized prompt”下方显示以下内容（注：第一段为固定内容，随后的 6 行分别对应 Web UI 右侧 6 个输入框的标题及其初始内容，之后不要再增加其他内容；另外，这些内容都要保存到一个变量里，以便我将来将其作为提示词去问 AI）：

As a prompt engineering expert, please generate an English prompt based on the answers to the 6 questions below, targeting AI beginners. The prompt must incorporate the content from all 6 answers to help formulate high-quality questions for AI. Please provide only the prompt itself, without any additional content.

What Role you want AI to play? Prompt Optimization Expert.

What Audience you want AI to generate content for? AI tool beginners.

What Boundary should AI focus on for this discussion? Prompt optimization.
```

```
What Purpose you want AI to help you achieve? find popular prompt
optimization tools.

What Output format you want AI to generate? tool name (official website
link).

What Concern you have about this discussion with AI? AI hallucinations
(if not found, please be honest and don't make up information).
```

（5）提交。在Ask Copilot输入框中按回车键，提交提示词。Copilot随后会将提示词转发给所搭配的Claude大模型处理，片刻你就能看到大模型的回复。在屏幕下方的蓝色悬浮工具栏中，可以使用上下箭头查看代码改动。确认改动无误后，点击“Keep”按钮接受修改，如图7-12所示。

（6）运行并测试。在Visual Studio Code的内置终端里运行前端（相比在外部终端运行，使用Visual Studio Code内置终端的好处是出现错误时可以方便地将错误消息提供给Copilot进行问题排查），以测试Copilot是否成功实现了“备好发给后端的提示词”的功能。

点击前端界面的“Optimize prompt”按钮后，下方会显示准备好发送给后端的提示词。至此，就可以开始编写后端代码了。

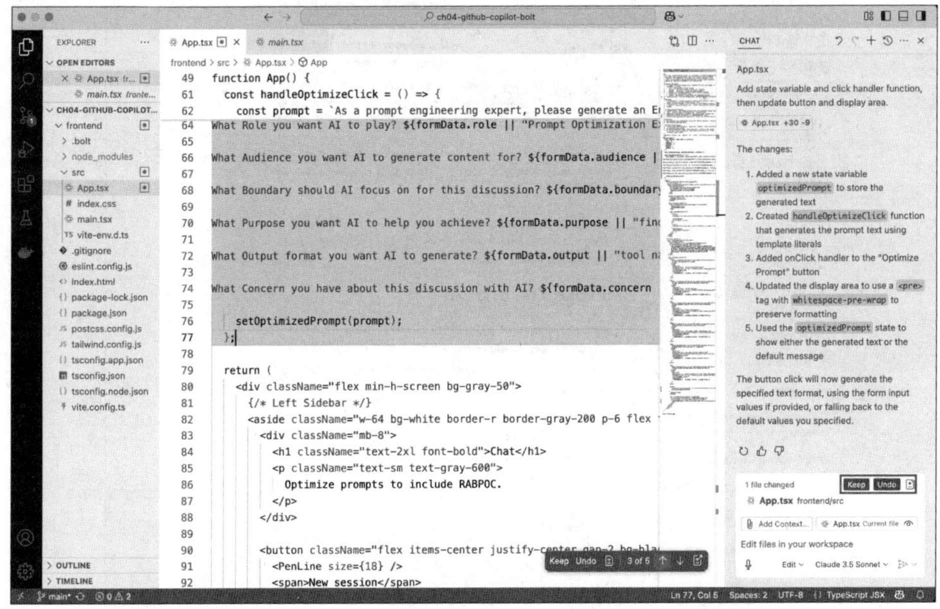

图7-12　在Edit模式下修改上下文中的文件的代码

7.6.2　生成后端代码与Agent模式

由于需要基于现有前端代码使用氛围编程让AI生成后端代码，这与7.2.2节中介绍的Agent模式在搭建新功能方面的优势不谋而合，因此下面使用Agent模式来生成后端代码。具体步骤如下：

（1）申请DeepSeek API密钥：打开浏览器，在搜索引擎中搜索“DeepSeek API”，找到DeepSeek官方API文档。文档中提供了API密钥（API key）的申请链接（通过该密钥，你可以按token使用量付费的方式调用DeepSeek大模型服务）（这个密钥通常保存在代码的.env配置文件中，与密码一样需要保密。为了防止泄密，要在.gitignore文件中设置，确保.env文件不会被上传到GitHub等代码仓库），如图7-13所示。

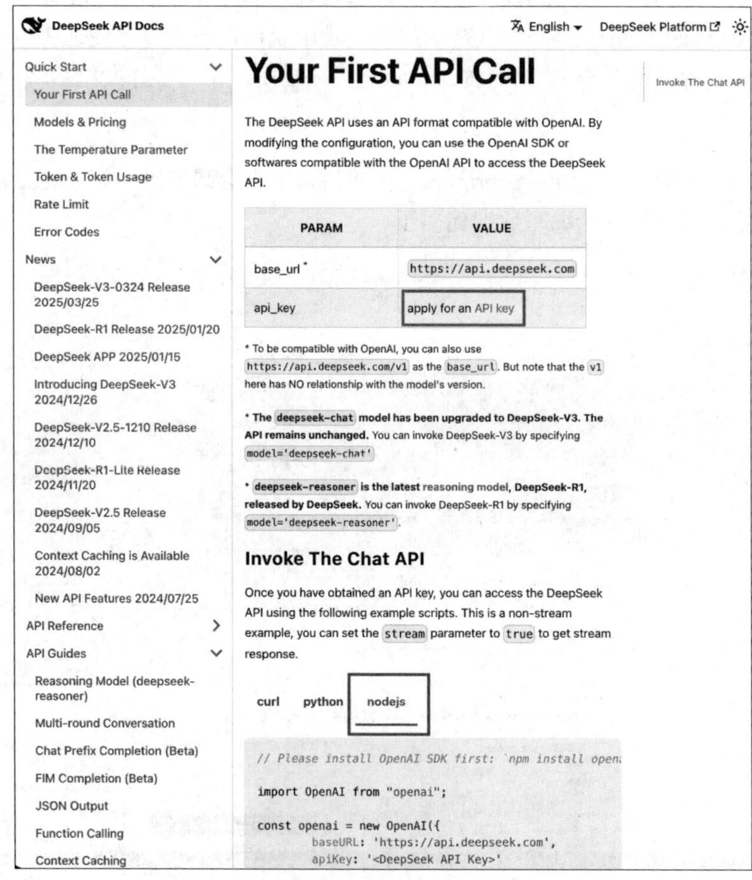

图7-13　找到DeepSeek官方API文档

（2）充值。API密钥申请成功后，进行充值即可启用DeepSeek优化提示词的功能，以实现Promptyoo-0。使用量不大的话，充值50元能用好几个月。

（3）查看API示例。在图7-13下方可以找到Node.js版本的API调用示例代码。

（4）打开Copilot的CHAT界面。

（5）选择Agent模式，并搭配Claude Sonnet 3.5大模型。

（6）输入提示词。将代码清单7-6中的提示词复制并粘贴到Ask Copilot输入框中。值得注意的是，在Agent模式下输入“/”时，仅会显示一个“/clear”选项（打开一个新的聊天对话，与后面将要介绍的New Chat快捷键等效），不同于Ask模式中可提供多种智能操作选项。

代码清单 7-6　listings/L7-6.md

```
#file:rule-architecture.md 是本项目的架构描述。作为 Node.js 专家，请参考该架构描述中的后端技术栈在 2025 年的最佳实践，在 backend 目录下创建一个 Node.js 后端应用。该后端需要支持 frontend 目录下的 React 前端应用 #codebase 调用，并通过后端向 DeepSeek API 发送请求。调用 DeepSeek API 的 Node.js 示例代码见后文。

同时，请修改前端代码实现以下功能：当用户点击“Optimize prompt”按钮时，前端将 App.tsx 文件中 template 变量的内容通过 Node.js 后端发送给 DeepSeek。发送前，需清空 UI 右侧最下方“Optimized prompt”下的所有内容。收到 DeepSeek 回复后，将回复内容显示在“Optimized prompt”下方。

如果 DeepSeek 长时间未响应，则在“Optimized prompt”下方显示“DeepSeek 没有响应”。

请将 DeepSeek API key（值为 sk-bxxx）保存在 backend/.env 文件中。以下是调用 DeepSeek API 的 Node.js 示例代码：（略，见图 7-13）
```

（7）提交并处理。在Agent模式下的聊天输入框中按回车键提交提示词。Copilot将提示词发送给所搭配的Claude大模型处理。由于使用了Agent模式且提示词中包含`#codebase`，Copilot开始自动阅读代码库中的相关源文件，并自动分步执行操作。首先，它创建“backend/src”目录，并提供“Continue”按钮供确认。点击“Continue”按钮后，Copilot自动打开内置终端执行创建目录命令。接着它要进入backend目录并执行`npm init -y`命令（快速初始化一个新的Node.js项目，且接受所有默认值以跳过交互式问答环节），同样提供“Continue”按钮供确认。整个过程就这样循环往复地进行。

在执行过程中，当Copilot检测到内置终端出现命令错误时，它会自动提供修复命令并等待你点击“Continue”按钮确认。修复完成后，它会通知成功并询问是否继续。其间，它会创建.env文件来存储敏感的DeepSeek API密钥（因为项目根目录的.gitignore

文件已设置忽略.env文件，所以密钥只会保存在本地，不会提交到Git版本库导致泄密）。Copilot会列出所有修改过的文件供查看，并通过“Keep”按钮等待你确认这些修改，如图7-14所示。

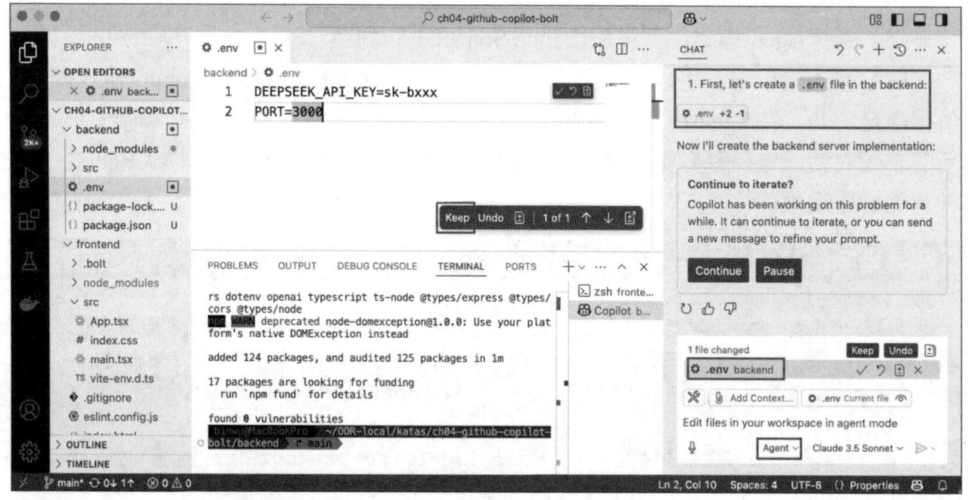

图 7–14　在 Agent 模式中生成后端代码

更新.env文件中的DEEPSEEK_API_KEY为实际密钥后，我点击了“Keep”按钮和“Continue”按钮。随后，Copilot开始生成前后端的集成代码。虽然有些代码对我来说比较陌生，但我仍大致浏览了每处更新，并通过点击“Keep”按钮和“Continue”按钮确认。

（8）运行并测试：代码生成完成后，Copilot指示我启动后端和前端应用进行测试。当我点击“Continue”按钮启动后端应用时，新打开的内置终端提示server.ts文件第19行运行时报错：“src/server.ts:19:27 - error TS2769: No overload matches this call.”（src/server.ts:19:27 - 错误 TS2769：没有与此调用匹配的函数重载）。Copilot没有察觉到这个问题，转而让我在另一个内置终端启动前端应用。前端应用虽然成功启动，但当我访问前端服务器并点击前端界面的“Optimize prompt”按钮时，页面果然显示错误提示：“Error: Failed to optimize prompt. Please try again.”（错误：优化提示词失败。请重试）。

7.6.3　修复运行错误与`@terminal`

由于需要修复后端应用在内置终端中的运行错误，我需要使用`@terminal`这个聊天参与者。但因为Agent模式不支持这个聊天参与者，所以我切换回了Ask模式。

根据错误消息可以确定问题在server.ts文件中。为了让Copilot能够准确定位和修改出错的代码，我先在Copilot中打开了这个文件（若不打开，Copilot会提示需要打开）。

随后，我选中了终端中显示的错误消息，这样就可以用`#terminalSelection`聊天变量来引用这段内容。接着，我输入了代码清单7-7所示的提示词。

代码清单 7-7　listings/L7-7.md

```
@terminal /explain 请解释后端运行错误 #terminalSelection
```

Copilot给出了完整的解决方案，其中包含了修改server.ts文件的具体建议和相应的代码片段。当我点击代码片段左上角的“Apply to”按钮时，Copilot直接定位到了需要修改的代码位置，并以对比形式清晰展示了修改内容，然后通过“Keep”按钮等待我确认修改，如图7-15所示。

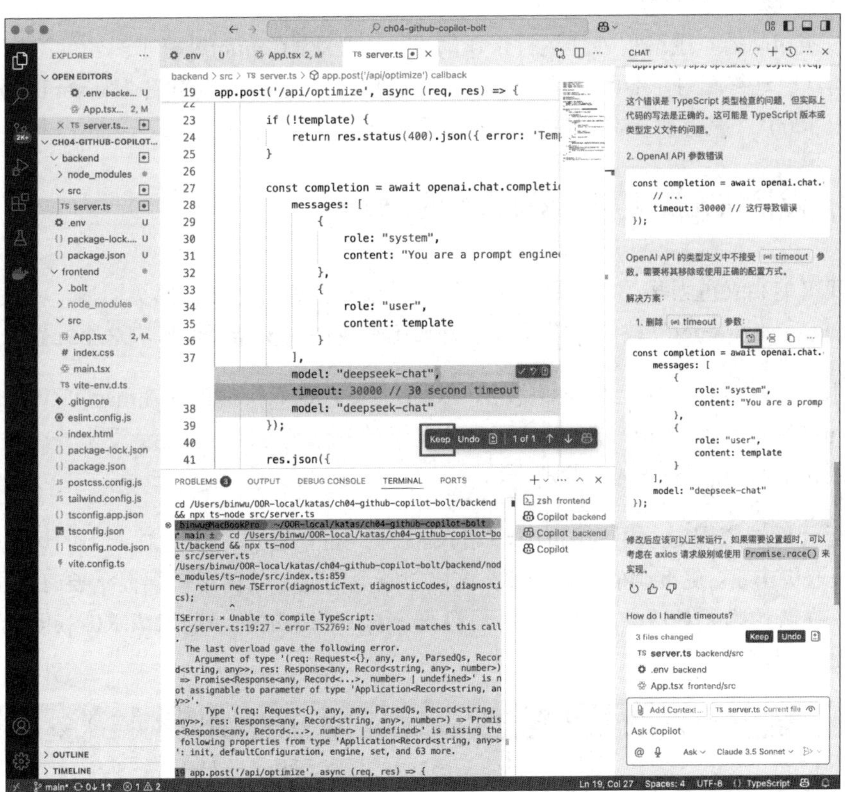

图 7-15　Copilot 能自动定位需要修改的代码位置

修改代码后，我在内置终端输入命令npx ts-node src/server.ts重新启动后端来验证修复效果，仍然报错。这次我不再从终端选择错误消息，而是直接向Copilot输入了一个精简的提示词，如代码清单7-8所示。

代码清单 7-8　listings/L7-8.md

```
@terminal /explain #terminalLastCommand
```

这个提示词只包含了聊天参与者@terminal、智能操作/explain（当输入/explain时，Copilot会自动添加@terminal前缀）和聊天变量#terminalLastCommand（用于引用终端中最后执行的出错命令）。这种简洁的方式让修复终端错误变得更加高效，避免了编写冗长的提示词和手动选择错误消息。

Copilot又发现了一些问题并给出了解决方案。我按照经典的氛围编程方式处理：快速浏览它的解释，点击“Apply to”按钮应用更改，检查代码对比后点击“Keep”按钮确认。这次重启后端时问题仍然存在。

按照相同的氛围编程处理运行错误的方法，我又与Copilot进行了两轮问答。终于，当我再次启动终端时，不再出现错误提示，而是显示出了令人欣慰的“Server is running on port 3000”（服务器正在端口3000上运行）成功信息。

7.6.4　点按钮无反应与Ask模式下的/fix

我可能高兴得太早了。在另一个终端启动前端并通过链接访问页面后，我发现点击“Optimize prompt”按钮毫无反应。看来还需要让Copilot帮忙解决这个问题。

由于后端运行错误已经修复完毕，我通过New Chat快捷键（在macOS/Windows/Ubuntu系统上都用“Ctrl+L”）开启了一个全新的对话（这样可以避免受上一个对话上下文的影响），然后选择Ask模式。

运行后端应用时使用终端有一个重要优势：可以通过终端查看详细的运行时日志，获取更丰富、更准确的错误消息，这比前端界面显示的简单错误提示要有用得多。因此，在新的聊天对话中，我加入了与日志（log）相关的提示词来请求Copilot修复问题，如代码清单7-9所示。

代码清单 7-9　listings/L7-9.md

```
@workspace /fix 我在一个终端里运行“npx ts-node-esm src/server.ts”来运行后端，然后在另一个终端里运行“npm run dev”来运行前端。我用浏览器访问前端，点击“Optimize prompt”按钮后，界面没有反应。请你查看 #codebase ，并在后端 server.ts
```

代码里增加打印日志功能，以便在我点击“Optimize prompt”按钮后，能在后端的终端里看到后端访问 DeepSeek API 的日志。

这个提示词结合了/fix操作（用于让@workspace这位聊天参与者修复问题）和#codebase聊天变量。

修改成功！我按照Copilot提供的代码更新了server.ts文件并重新运行。点击“Optimize prompt”按钮后，稍等片刻（因为需要等待DeepSeek API的响应，此时可以在Visual Studio Code里切换到运行后端应用到内置终端里查看日志），页面上便显示出了DeepSeek优化后的提示词，如图7-16所示。

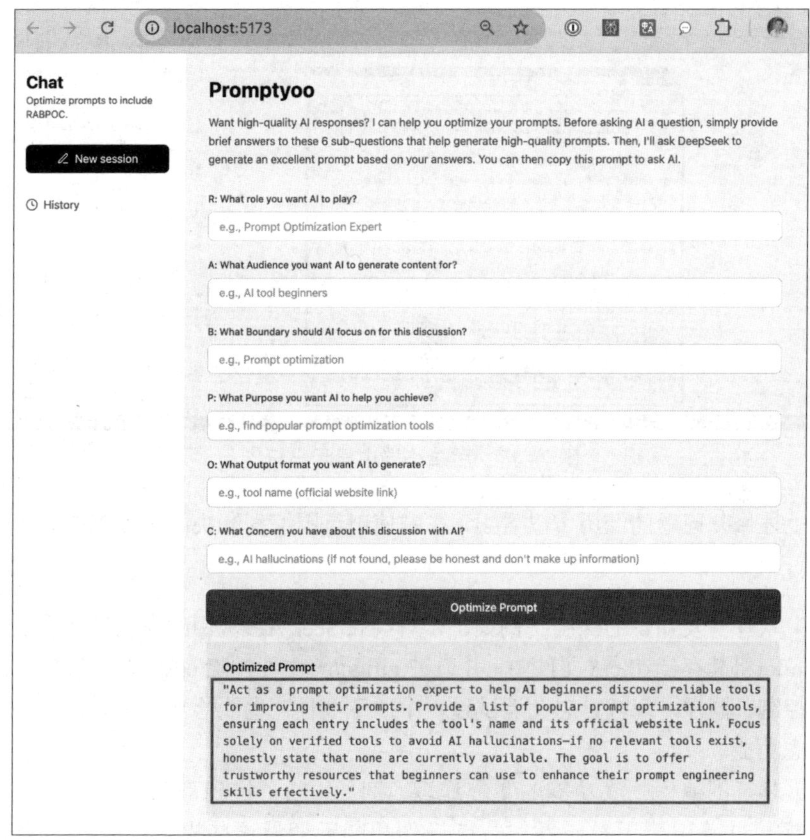

图 7-16 成功获得了 DeepSeek 优化后的提示词

后端终端中也同时显示了相应的操作日志，如图7-17所示。

在前端界面看到DeepSeek API成功返回优化后的提示词，标志着Promptyoo-0的基本功能已经完成。

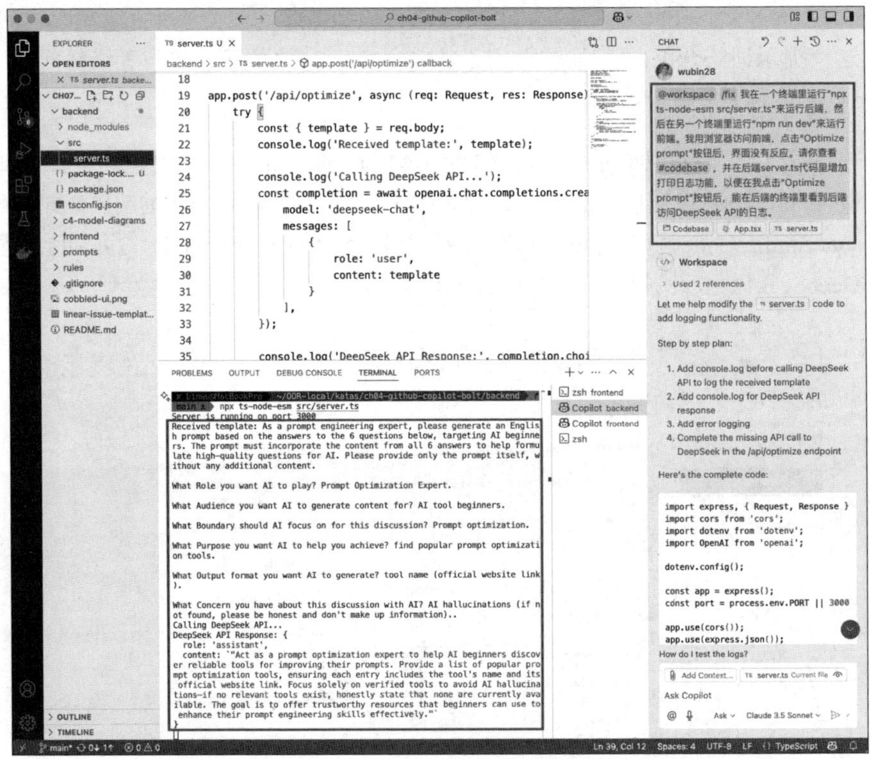

图 7–17　后端终端中显示出日志

从上述修复问题的经历可以看出，影响使用氛围编程解决问题效率的因素主要有以下3点。

（1）软件开发知识的深度。例如，了解DeepSeek API密钥的安全性要求后，就能引导Copilot将其存储在.env文件中，并通过.gitignore文件排除.env，防止敏感信息被纳入版本控制。同样，理解日志在调试过程中的重要性，也能恰当地指导Copilot添加必要的日志功能。

（2）对氛围编程工具功能的掌握程度。例如，当了解到可以在Copilot内置终端运行程序，并善用聊天参与者、智能操作和聊天变量这些提示词缩略语来简化提示词后，遇到终端运行错误时，就能够使用简洁的像`@terminal /explain #terminalLastCommand`这样的提示词来准确定位并解决问题。

（3）聊天对话中问题的粒度以及提示词是否遵循RABPOC要素风格。以代码清单7-9为例，解决按钮无反应的提示词专注于这一个具体问题，保持了原子化的粒度。此外，提示词在要求“在后端server.ts代码里增加打印日志功能”之后，还明确说明了目的：以便在我点击“Optimize prompt”按钮后，能在后端的终端里看到后端访问DeepSeek API的日志。这种明确目的的方式能够帮助Copilot更准确地解决问题。

虽然Promptyoo-0已经实现了提示词优化功能，但目前优化后的提示词需要等待DeepSeek API完整响应后才会一次性显示，这导致用户等待时间较长，体验不够理想。那么，如何实现7.1节中提到的流式响应功能——从DeepSeek API获取一部分结果就立即显示，实现逐字显示的效果呢？

7.7　实现流式响应功能与Exclude Files

由于实现流式响应需要同时修改前后端代码，且我不确定具体需要修改哪些文件，我决定使用Copilot的Agent模式并结合使用聊天变量`#codebase`来帮我自动定位并修改相应的文件。

这时我遇到了一个新问题。为了方便读者获取从bolt下载的前端代码，我将其保存在本书配套代码的ch07-copilot-feat/frontend-by-bolt-only目录中，这个目录与frontend和backend目录并列。frontend目录中的代码是在frontend-by-bolt-only的基础上逐步添加新功能而来。当我不做任何处理地在提示词中使用`#codebase`时，它必然会包含frontend-by-bolt-only目录中的源代码。这些代码与frontend目录中的代码重复，我不希望Copilot读取frontend-by-bolt-only目录下的内容。那么该如何解决这个问题呢？（相信你在进行氛围编程时也会遇到类似情况，即不希望氛围编程工具读取和修改某些特定代码。）

查阅了Copilot的官方文档后，我找到了解决方案。在Visual Studio Code设置中屏蔽该目录即可。具体操作是：打开Visual Studio Code的“settings”，搜索“files.exclude”。在出现的设置页面中，找到“Files: Exclude”和“Search: Exclude”两项设置。分别点击这两个设置下的蓝色“Add Pattern”按钮，将“frontend-by-bolt-only”添加进去。完成后，点击Visual Studio Code左侧边栏上方的“EXPLORER”，就会发现frontend-by-bolt-only目录已从文件树中消失。

解决了这个问题后，我开始着手让Copilot实现流式响应功能。首先，我确认选中了Agent模式，并打开了ch07-copilot-feat/rules/rule-architecture.md文件（这一步很重要，因为如果不打开该文件，在提示词中输入`#file`时的下拉菜单中将无法找到它）。然后，我输入了下面的提示词，并特别注意确保提示词中的`#file:rule-architecture.md`

和#codebase显示为带颜色字体，这表明Copilot已正确识别了这些提示词缩略语。

```
#file:rule-architecture.md 是本项目的架构描述。请你基于这个架构描述，修改前后端代码 #codebase，使得点击“Optimize prompt”按钮后，DeepSeek API 返回的优化后提示词能以流式响应（streaming response）的方式，逐字呈现在用户界面的“Optimized prompt”区域下方，同时在后端运行的终端中显示相应的流式响应日志。
```

按回车后，Copilot开始分析。它首先复述了我的需求，然后仔细阅读前后端代码，确定了需要修改的关键文件——后端的server.ts和前端的App.tsx。在阅读完架构描述后，Copilot制定了清晰的实施计划：理解架构设计、改造后端支持流式响应、更新前端处理流式数据，最后优化UI实现逐字显示效果。随后它开始执行计划，除了修改server.ts和App.tsx，还更新了tailwind.config.js文件，总共进行了13处改动。我通过上下箭头快速查看了这些修改。最后，Copilot建议执行cd ~/my-copilot/backend && npm start命令，并等待我点击“Continue”按钮确认。

我先通过点击“Keep”按钮保存了所有代码修改，然后点击“Continue”按钮执行命令。但这条命令执行时出现了下面的错误。

```
npm ERR! Missing script: "start"
```

我之前一直使用npm run dev来运行后端，但这次执行npm start时出错了。为了弄清楚这两个命令的区别，我切换到Ask模式，向Copilot提出了以下问题。

```
请解释“npm run dev”和“npm start”各自的特点、优势、劣势和适用场景。
```

我从Copilot那里得知，原来npm start命令用于运行优化后的编译代码，主要用于生产环境部署。而npm run dev命令则直接运行TypeScript代码且无须预编译，更适合本地开发时实时查看代码变更。我运行npm start时报错，是因为我还没有正确配置这个命令。由于在本地开发环境运行已经能满足当前需求，因此暂时无须修复这个错误。

我分别在两个Visual Studio Code内置终端中使用npm run dev启动前端和后端应用。当点击用户界面的“Optimize prompt”按钮后，优化后的提示词开始在界面上流畅地逐字显示，同时后端终端也打印出了相应的日志——流式响应功能已经成功实现。

【避坑指南】在氛围编程时遇到 AI 提示的命令运行错误时，是否都需要修复？

不一定。首先应该判断该命令在当前场景下是否合适。以上述例子来说，在开发

Web应用阶段，使用npm run dev是合理的选择。但是，由于我没有明确告诉Copilot当前处于开发阶段，它建议使用适用于生产环境的npm start命令。这个命令在开发阶段并不合适。因此，当遇到AI建议的命令运行失败时，不要急于修复错误，而应该先理解该命令的用途，评估它是否适合当前场景，再决定是否需要修复。

受限于篇幅，我暂不解决npm start命令的报错问题。有兴趣的读者可以尝试在Ask模式中使用@terminal /explain #terminalLastCommand提示词来修复这个问题。

如果需要长期维护Promptyoo-0的代码，每次修改生产代码时，不仅要编写或更新相应的自动化测试，验证自动化测试的有效性（参见第8章），还需要对所有新生成的代码（包括生产代码和测试代码）进行评审，以提高代码的可维护性。下面一起来体验如何使用Copilot进行代码评审。

7.8　用“Review and Comment”评审代码

对于需要长期维护的代码来说，代码评审是防止代码质量下降的关键措施。在开始评审之前，尤其是当你还不太熟悉React和Node.js而使用氛围编程开发Promptyoo-0这样的Web应用时，可以参考6.7节先绘制一张软件架构图，明确各模块与源文件的对应关系。这样才能准确识别需要重点评审的代码。

使用Copilot评审backend/src/server.ts文件的代码非常简单：只需用快捷键（在macOS系统上用“Cmd+A”，在Windows/Ubuntu系统上用“Ctrl+A”）选中该文件的所有代码，点击鼠标右键，选择Copilot，然后选择“Review and Comment”选项即可。

令我惊讶的是，Copilot回复称“Reviewing your code did not provide any feedback”（评审代码后没有发现任何问题），这表示它没有任何反馈意见。它在下方用小字说明，只会在非常确定时才提供反馈，以避免给用户带来不必要的干扰。这表明这段代码的质量很高，没有明显需要改进的地方。

于是我打开前端frontend/src/App.tsx文件，用快捷键选中该文件的全部代码，按照上述相同方法让Copilot评审。Copilot给出了9条改进建议，每条建议都包含简明的改进理由，并提供了代码改动的对比视图。更便利的是，每条建议下方都有“Apply”按钮，点击后即可在对应位置自动完成代码修改。

我选择了一个改进点，点击“Apply”按钮修改了代码，随即进行完整测试：运行相应的前端单元测试，并分别启动前后端应用进行手工端到端测试，以验证提示词优化功能正常。只有在单元测试通过，且成功验证提示词能从DeepSeek API获得优化结果的情况下，才能确认这次代码评审带来的变更没有影响原有功能。

Promptyoo-0极简版的提示词优化功能至此已经完成。不过，如果你想在此基础上继续使用氛围编程来实现更多功能（例如提示词优化历史管理和支持中文用户界面的i18n国际化），你可能会陷入“进一步，退两步”的困境。这究竟是怎么回事？又该如何避免呢？

第8章

用Cursor保护代码逻辑不被破坏

5.7节中提过，当你使用氛围编程方法开发应用并想要增添新功能或修复bug时，会遇到一个问题：大模型可能会遗忘之前代码实现时的需求分析和架构设计信息，从而在代码变更时破坏原本正常运行的功能，出现“进一步，退两步”的困境。当时提出的解决方案是编写项目规则，并在与大模型对话时引用这些规则来约束它的行为。然而，即使采取这种方式，大模型仍可能因1.2.9节所述原因出现幻觉。幸运的是，可以通过氛围编程编写端到端自动化测试来解决这个困境。

本章将教你如何使用自然语言指导Cursor，为第7章所创建的前后端分离的Web应用生成端到端自动化测试，从而在未来的氛围编程过程中保护已有的代码逻辑（这也符合1.7节中的氛围编程“理测评解”跟进指导原则）。

8.1 需求分析与技术栈选型

编写自动化测试代码的目的是确保已通过测试的生产代码（无论是部署在企业IT部门生产环境中为用户提供服务的大型系统，还是氛围编程者希望在个人计算机上运行的小型项目）在后续修改时不会破坏原有功能，无论是实现新需求还是修复bug。这项实践不仅能有力保障软件系统的稳定运行，还能有效避免在氛围编程中大模型出现“进一步，退两步”的问题，例如大模型在持续对话过程中，一边生成新功能代码，一边在已有生产代码中引入新bug。

自动化测试在持续使用氛围编程成功开发新功能或修复bug的过程中扮演着重要角色。那么，该选择哪种类型的自动化测试呢？这个选择很重要，因为不同类型的自动化测试需要使用不同的技术栈。

自动化测试一般分为3类：端到端测试、API测试和单元测试。以图7-3展示的Promptyoo-0前后端分离架构为例，这3类测试具有以下特点。

（1）端到端测试需要同时运行前端服务、后端服务和DeepSeek API。测试代码会模拟用户在前端的操作并发起提示词优化请求，然后验证从DeepSeek API通过后端返回到前端的大模型回复是否正确。

（2）API测试专注于测试后端服务的API接口（注意，这不包括测试DeepSeek API，因为那是DeepSeek团队的职责）。测试时只需运行后端服务，然后编写测试代码模拟前端服务发送各类API请求，验证后端服务的响应是否正确。

（3）单元测试包括前端单元测试和后端单元测试，分别用于测试前端服务和后端服务内部的函数。这类测试的特点是无须启动实际的服务，单元测试框架可以独立运行测试。

在氛围编程概念出现之前，自动化测试的最佳实践是“测试金字塔”，即同时编写和运行3类测试，但数量各有侧重：端到端测试少而精（像金字塔顶），API测试适中（像金字塔中部），单元测试最多（像金字塔底部，数量多是因为单元测试无须启动服务，运行快速且覆盖精准）。那么，在氛围编程时代，这种测试策略是否仍然适用？

基于我的实践经验，如果整个系统（包括前后端）都采用氛围编程生成，且需求规模较小（这是氛围编程的固有限制），那么仅需编写端到端测试即可。这一发现源于我的亲身教训。

在本章最初编写时，我被单元测试的优点所吸引——无须启动服务、运行迅速。因此，在完成第7章中的第一轮迭代后，我让氛围编程工具分别为前后端生成了单元测试。我本以为这些测试能为第二轮迭代提供安全保障，却不料带来了意想不到的困扰。每当大模型生成新功能代码并修复运行错误直至可用时，运行原有的单元测试就会发现大量测试运行失败。这迫使我不得不反复让大模型修复测试代码，而且这种情况在每次开发新功能时都会发生。原因在于大模型在开发新功能时会破坏已有代码的微观逻辑，而这些逻辑正是单元测试所保护的。相比之下，如果只使用端到端测试，这个问题就不会出现，因为端到端测试保护的是宏观的业务逻辑，不会受到内部代码层面改动的影响。

明确了要编写的自动化测试类型后，接下来需要挑选合适的技术栈。作为Web应用端到端测试的新手，我该如何选择技术栈呢？有大模型在手，这不是问题。我使用Cursor（搭配Claude Sonnet 4大模型，并开启Agent模式）打开了第7章中已生成并通过手工端到端测试的代码目录（包含frontend和backend子目录），然后提交了以下提示词来咨询技术栈相关事宜：

```
请阅读 @/frontend 和 @/backend 代码，然后为我推荐 3 个端到端自动化测试方案（要求针对现有代码提供自动化测试技术栈及其版本），以便让测试代码能够从前端提交提示词优化请求，经后端处理并返回结果。要求不使用 mock。请分别解释每种方案的特点、优势、劣势和适用场景。
```

Cursor首先阅读了前端和后端代码，指出这是一个基于React + Express的提示词优化应用，前端使用RABPOC框架收集用户输入，后端调用DeepSeek API进行流式响应。之后它推荐了3个端到端自动化测试方案，并分别介绍了每种方案的特点、优势、劣势和适用场景。

- 方案一：Playwright + TypeScript。
- 方案二：Cypress + TypeScript。
- 方案三：WebdriverIO + Jest。

最后，Cursor推荐方案一，理由如下。

- 流式响应处理：Playwright 在处理异步操作和网络请求方面表现更优。
- API 测试能力：能直接测试`/api/optimize`端点的 SSE（Server-Sent Events，一种允许服务器主动向客户端推送数据的 Web 标准）流。
- 现代化：与现有技术栈（TypeScript、现代前端）更为匹配。
- 稳定性：对于涉及 API 调用的测试，稳定性至关重要。

我打算选择方案一，但还是有些疑问，于是我继续追问：

```
如果选用方案一，那么自动化测试的代码是不是应该新建一个目录保存?
```

Cursor回应称这完全正确，并推荐了一个合适的目录结构。我接着提问：

```
请问如果采用方案一和你给的目录结构，那么运行测试时，前端和后端是用测试脚本分别启动吗?请解释具体的执行测试的步骤。
```

Cursor回复说确实需要真实的前端和后端服务运行，然后详细解释了执行测试的步骤和服务启动策略：

```
# 进入测试目录（e2e 即 end to end，即端到端）
cd e2e-tests

# 安装依赖
```

```
npm install

# 安装浏览器
npx playwright install

# Playwright 会自动启动前端和后端服务，运行测试，然后关闭服务
npm test
```

Cursor还绘制了一幅序列图帮助我理解端到端测试的流程。按照箭头的方向（从上到下，从左到右）及箭头上的标注阅读，可以清晰理解整个测试流程，如图8-1所示。

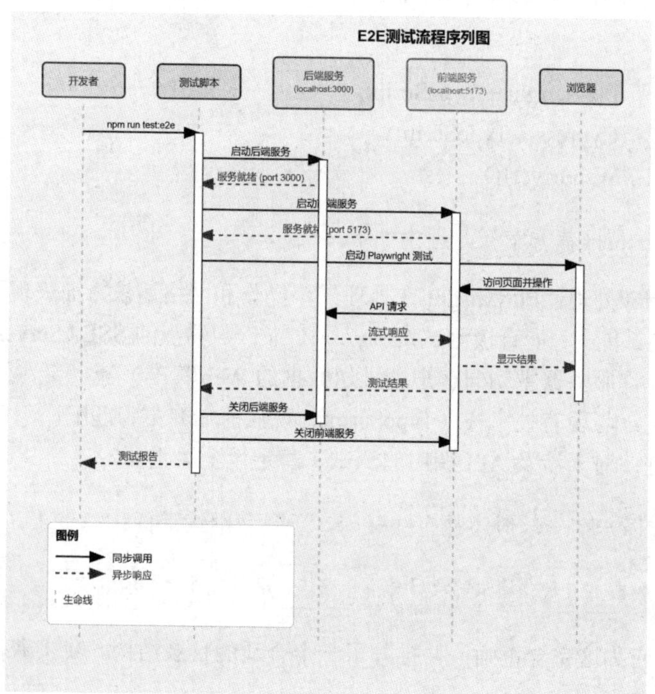

图 8-1 端到端测试流程序列图

现在我已经对如何进行端到端测试有了清晰的认识。接下来可以让Cursor生成测试代码了。

8.2 生成端到端自动化测试代码

接下来我需要生成测试代码，于是在与Cursor的同一对话中继续询问：

```
请你按照你规划的方案一，在 e2e-tests 目录下，为我编写一个 happy path 和一个 sad path
两个 end to end 测试。并且告诉我该如何运行。
```

“happy path”和“sad path”是软件测试界中常用的两个术语，分别表示“正常场景”和“异常场景”。软件测试不仅需要验证系统在正常情况下能否正常运行，还需要验证系统在异常情况下是否能优雅地处理异常。

Cursor很快给出了端到端测试代码，我点击“Accept all”按钮接受。但在Cursor内置终端中运行npm test命令时，我发现错误。于是我选中内置终端中的完整错误消息，并按快捷键（在macOS系统上用“Cmd+L”，在Windows/Ubuntu系统上用“Ctrl+L”）将其插入右侧AI聊天区提示词输入框上方的上下文区域（插入后能看到“Lines<行号范围>”），然后直接提交，让Cursor开始修复。

Cursor读取错误消息，发现问题并进行修复后，我再次运行npm test，却发现了新问题。我再次将错误消息插入上下文，继续让Cursor修复。经过4轮这样的对话，所有24个测试终于全部通过。

仔细阅读并理解Cursor在短短一分钟内生成的24个端到端测试代码确实需要花费不少时间。为企业IT系统编写自动化测试时，这种仔细阅读和理解是必不可少的（这也符合1.7节中的氛围编程“理测评解”跟进指导原则）。毕竟，如果不深入理解测试内容，怎能确信这些测试能真正保护生产代码的核心逻辑呢？

8.3 验证端到端测试的保护效果

要验证自动化测试是否真正保护了生产代码逻辑，除了仔细阅读和理解测试代码，还有一种有效方法：故意破坏生产代码逻辑，然后运行测试。如果测试失败，且失败信息准确指出了被破坏的逻辑，就证明测试确实起到了保护作用。随后，将代码还原，再次运行测试应该会通过。

我特别关心DeepSeek API密钥错误的情况是否能被测试捕获。为此，我故意在.env文件中设置了一个错误的密钥，然后运行测试，却发现所有测试仍然通过。这表明Cursor生成的24个端到端测试并未覆盖这一场景（这启发我总结出1.7节的氛围编程“理测评解”跟进指导原则）。我决定让Cursor查明原因，因此提交了以下提示词：

```
我故意把 backend/.env 文件中的 DEEPSEEK_API_KEY 改错，然后在 e2e-tests 目录下运行
“npm test”，为何还是能 24 个测试都能通过?
```

Cursor分析了代码，然后给出了原因：后端有故障切换（fallback）机制。当API密钥无效时，后端会捕获DeepSeek API的401错误，自动生成备用的故障切换模板（fallback template）。这是当初设计的一个功能——如果DeepSeek API失效，系统会切换到由后端自行优化提示词的模式。当前端接收到备用模板后，会将其显示给用户。现有的测试代码只检查是否有内容输出，而未验证该内容是否真正来自DeepSeek API。

找到原因后，我决定让Cursor添加相关测试，于是继续追问：

```
请你增加一个能验证访问真实 DeepSeek API 的 happy path 测试，使得当我故意把 API key
改错后，这个测试不通过。
```

Cursor迅速补充了一个测试用例。当我再次运行全部测试时，这个新增的测试报错，明确指出因非法API密钥而失败。随后，我将API密钥恢复为正确值，再次运行所有测试，这次测试全部通过。这证明了新增的测试确实能有效保护生产代码的核心逻辑。

通过仔细阅读并理解这些端到端测试代码，并利用上述故意修改生产代码的方法验证测试的有效性，再加上在提示词中让大模型遵循5.7节介绍的项目规则，你就能更安心地进行氛围编程，有效规避“进一步，退两步”的困境。在后续为实战项目添加新功能或修复缺陷时，只需在提示词中要求Cursor在每次修改生产代码后自动运行端到端测试，就能确保原有生产代码的逻辑不被破坏（这也符合1.7节中的氛围编程“理测评解”跟进指导原则）。

本书实战内容至此告一段落。对于本书服务的“非IT背景的人”、“有IT经验的人”和“IT新人”这3类读者在进行氛围编程时，还需要注意哪些要点呢？本书介绍的各种氛围编程工具和大模型之间又有何横向对比？面对如此多的氛围编程工具与大模型组合，该如何高效地检验代码生成效果，从而挑选出最优组合？

第五部分　攻略

第9章

氛围编程攻略与工具和大模型选择指南

前8章主要围绕不同的氛围编程应用场景展开，包括批量改文件名、文档格式转换、实现AI智能体、可视化数据、分析Excel数据、实现微信小程序和Web应用等。然而，这些章很少从读者视角提供氛围编程建议，也未对本书讨论的9款氛围编程工具及其搭配大模型进行横向对比。虽然1.7节介绍了选择氛围编程工具与搭配大模型的策略，能从宏观上指导工具选择，但在特定场景下（如“单次对话即成功”的Web应用产品原型快速生成），对于如何便捷地评测不同氛围编程工具与大模型的搭配组合的代码生成效果，尚未总结出可落地的方法。

本章将帮助你了解非IT背景的人、有IT经验的人和IT新人这3类读者在使用氛围编程时应该关注的重点。同时，本章将横向对比扣子、DeepSeek、Claude、Trae、Cursor、Windsurf、通义、bolt和Copilot等9款主流氛围编程工具的首次发布时间、市场定位、可搭配的大模型、优势、劣势及适用场景。之后再横向对比在氛围编程中常搭配的Claude系列、Gemini系列、GPT系列、o3、SWE-1、DeepSeek系列、Qwen-3、Doubao系列和Kimi k1.5等16款大模型的类型、优势、劣势和适用场景。最后，本章将讨论如何通过实战检验氛围编程工具与大模型的搭配组合在解决实际问题时的效果，这正是本书内容框架能随氛围编程工具与大模型不断升级而保持长久价值的关键。

9.1 非IT背景的人的氛围编程攻略

对非IT背景的读者而言，氛围编程最大的价值在于降低了编程的心理门槛。正如第2章展示的那样，你完全可以用中文描述需求，轻松创建出“减少AI幻觉”的智能体应用并发布给自己或亲朋好友使用，整个过程不用写任何传统的代码。这种方式让编程不再是IT专家的专利，而变成了像使用Word编辑文档或使用Excel制作表格一样的日常技能。

9.1.1　用"平常心"看待编程

当你第一次看到Windsurf生成的数据可视化代码时，不要被那些HTML、CSS和JavaScript代码吓退。就像使用计算器时你不需要了解集成电路的工作原理一样，使用氛围编程时你也不需要完全理解每一行代码的含义。重要的是结果——一个能够清晰且准确地展示数据分析结果的交互式看板，这正是第3章中实现的效果。

9.1.2　编程不是目的，解决实际问题才是

氛围编程的核心价值不在于让你成为程序员，而在于让你能够更高效地解决工作和生活中的实际问题。例如，在第4章中，面对包含40多个部门复杂财务数据的Excel表格，传统方法可能需要你花费数小时手工筛选和计算，或者等待IT部门的排期。但通过向AI聊天应用提交自然语言提示词，几分钟内AI聊天应用所搭配的大模型就能生成Python代码，完成数据分析，找出应收款项最大的3个部门。

这种问题导向的思维方式非常重要。不要为了学习编程而编程，而要为了解决具体问题而使用氛围编程。当你在工作中遇到重复性任务、数据处理需求或者想要快速验证一个想法时，第一反应应该是："这个问题能用氛围编程解决吗？"

9.1.3　遇到实际问题时，思考如何用氛围编程来解决

培养氛围编程思维需要在日常工作中不断练习。当领导要求你制作数据报告时，想想第3章中的可视化方案；当需要处理大量Excel数据时，回忆一下第4章中的分析方法；当公司需要一个简单的内部工具时，考虑第6章中的Web原型开发流程。

关键是要学会将复杂问题分解为具体的、可描述的小问题。例如，"我需要一个客户管理系统"这个需求太宽泛，大模型难以准确理解。但是，如果你能细化为"我需要一个能够录入客户基本信息、跟踪沟通记录、设置提醒事项的简单网页应用"，氛围编程工具就能更好地为你服务。

记住，每一个复杂的应用都是从解决一个具体的小问题开始的。扣子上的"减少AI幻觉"智能体看起来简单，但它解决的是AI应用中的核心痛点；bolt生成的Promptyoo-1原型虽然功能有限，但已经能够展示核心的提示词优化逻辑。

9.2 有IT经验的人的氛围编程攻略

讨论完非IT背景的人的氛围编程攻略，接下来看一下有IT经验的人的氛围编程攻略。

9.2.1 拥抱氛围编程，而非排斥

对于有传统编程经验的IT从业者，面对氛围编程时容易产生两种极端反应：要么完全依赖AI而不再思考，要么因为担心技能被替代而完全排斥。这两种态度都不利于充分发挥氛围编程的价值。

正确的态度应该是：相信自己扎实的IT知识能帮助撰写精准的提示词，从而让大模型高效生成代码，而不会因非IT背景的“泛程序员”利用氛围编程成功完成小项目而灰心丧气；将氛围编程工具和搭配的大模型组合视为一个强大的编程助手，而非自己职位的“掘墓人”；将AI生成的自己并不熟悉的技术栈代码视为绝佳的学习和评审机会，而不是洪水猛兽。

正如第7章展示的，即使是经验丰富的开发者，在学习新的技术栈（如前后端分离架构）时，也可以通过GitHub Copilot快速生成Promptyoo-0这样的实战项目，然后基于可运行的代码来学习和改进。

氛围编程的优势在于它能够快速生成框架代码和处理重复性工作，让你将更多精力投到架构设计、业务逻辑优化和用户体验提升上。这不是技能的降级，而是工作重心的升级。

9.2.2 仔细理解、评审和测试AI生成的代码

虽然现代大模型在代码生成方面表现出色，但正如1.2.9节提到的AI幻觉问题，生成的代码并不总是完美的。有IT经验的人的价值正在于能够快速识别和修复这些问题。

以第6章中的bolt开发经验为例，“单次对话即成功”虽然能生成80%符合需求的代码，但剩余的20%往往涉及业务逻辑的细节、性能优化或安全。这些问题需要你运用专业知识来识别和解决。

更重要的是，你需要能够向团队其他成员解释那些由AI生成的代码的工作原理。当同事询问某个功能的实现逻辑时，“这是AI写的，我也不知道”这样的回答是不负责任的。相反，你应该能够清晰地解释代码的架构思路、关键算法和潜在风险。

第8章中的端到端测试实践提供了一个很好的例子。通过Cursor生成自动化测试代码，你不仅保护了现有功能，还建立了持续验证的机制。这种做法体现了专业IT人员的责任感和前瞻性思维。

9.2.3　理解“设计理念和优劣势”比掌握“如何实现”更重要

对于有IT经验的人，尤其是程序员，氛围编程时代最重要的转变是从关注“如何实现”（how）转向理解“设计理念”（what）和“设计优劣势”（why）。当大模型能够快速生成具体的实现代码时，你的价值更多体现在架构设计、技术选型和系统优化上。

以第7章中的前后端分离架构为例，当GitHub Copilot生成Promptyoo-0项目代码时，作为有经验的开发者，你不应该只关注具体的API调用或组件实现，而要思考：为什么选择这种架构模式？在什么场景下前后端分离比单体应用更有优势？如何平衡开发效率和系统复杂度？

同样，第8章中的端到端测试实践展示了另一个重要的设计理念。自动化测试不只是验证功能正确性的工具，更是保证代码质量、支持敏捷开发、降低维护成本的系统性方法。理解这种设计思想比掌握具体的测试框架语法更有价值。

第3章中的数据可视化项目也体现了这一点。Windsurf等工具及所搭配大模型的组合生成的可视化代码背后蕴含着数据驱动决策、用户体验设计、信息架构等多个层面的设计理念。作为有经验的开发者，你需要能够评估这些设计选择的合理性，并在必要时提出改进建议。

这种思维转变的核心在于：技术是手段，解决问题才是目的。当你能够快速理解不同技术方案的设计思想和适用场景时，就能在技术选型、架构设计和团队协作中发挥更大的价值，从执行者转变为“做出选择”的决策者，这样才不会被大模型所替代。

9.3　IT新人的氛围编程攻略

每位有IT经验的人都曾经是IT新人。接下来探讨IT新人的氛围编程攻略。

9.3.1 编程入门的新途径

对于刚接触IT行业的新人来说，氛围编程提供了一条全新的学习路径。传统的编程学习通常从语法开始，需要大量的练习才能写出有用的程序。而氛围编程让你从第一天就能创建出实用的应用，这种成就感会极大地激发学习兴趣。

第2章中应用扣子的例子是一个很好的起点。即使你完全不懂编程，也能创建出功能完善的AI智能体。这种体验会让你对编程产生兴趣，并逐渐想要了解底层的实现原理。

接下来，你可以尝试第3章中的数据可视化项目。虽然Windsurf等工具和所搭配的大模型组合会生成大量你暂时看不懂的代码，但最终的可视化效果会让你感受到编程的魅力。这时候，你可以尝试修改一些简单的参数，如颜色、标题或图表类型，观察这些修改如何影响最终结果。

9.3.2 小步生成代码并研究错误解决过程

在使用氛围编程学习新技术时，避免一开始就构建复杂的项目。相反，应该采用小步迭代的方式，每次只实现一个小功能，然后观察大模型如何处理可能出现的错误。

以第5章中的微信小程序开发为例，不要一开始就要求Trae国际版生成完整的应用，先从最简单的“Hello World”界面开始，然后逐步添加数据展示、用户交互、API调用等功能。每当遇到错误时，仔细观察大模型是如何分析错误消息、调整代码策略的。

在这个过程中，你会发现大模型的调试思路往往很有启发性。它会系统性地检查可能的错误原因，从语法错误到逻辑错误，从配置问题到环境问题。学习这种调试思维比记住具体的语法规则更有价值。

5.7节和第8章中提到的“进一步，退两步”问题也是很好的学习材料。当大模型修复一个bug时却破坏了原有功能，你可以分析这种情况发生的原因，学习如何通过设计更好的提示词、运用项目规则和编写自动化测试来应对这类问题。

9.3.3 善用“氛围编程先行”贡献开源软件代码以获得更多职场机会

参与开源项目是IT新人积累经验和建立声誉的理想途径。氛围编程让你更快理解项目架构并贡献有价值代码，从而在求职市场脱颖而出。

从文档和工具改进入手。开源项目常有文档不完善、工具缺失等问题。新人可从这些简单任务开始。例如，参考第3章中的经验，为项目创建更有趣的贡献者统计看板等工具，既展示技能，又帮助维护者管理社区；用Windsurf分析Git历史，生成可视化报告展示项目趋势、贡献分布等。这类贡献如果解决了实际需求，会很受欢迎。每个成功贡献都是你能力的证明，可以将它们整理成作品集展示。

快速理解大型项目。传统上理解大型项目架构需要数月。通过氛围编程，AI可帮你分析代码结构、生成架构图、解释算法。参考6.7节中的方法，为复杂项目创建清晰的架构文档。提交这类文档不仅展示你对项目的深入理解，还能帮助其他贡献者快速上手。面试官重视开源贡献，高质量文档比简单修复更有说服力。

从小功能积累经验。采用第5章小步迭代方法，从简单任务开始。每次都尽量实现最少量的“原子需求”，用Trae国际版或Cursor（也可用Windsurf替代）理解代码并实现改进。项目缺少API端点时，参考第7章经验实现；界面需改进时，借鉴第6章最后修复bug的思路优化用户体验。

氛围编程先行，“理测评解”（理解、测试、评审、解释代码）跟进。在用氛围编程工具生成一个小功能后，在提交pull request（简称PR，是GitHub、GitLab、Bitbucket等代码版本控制系统中向代码评审者提交变更请求的机制，用于将功能实现或bug修复合并到主代码库）之前，务必仔细阅读并理解大模型生成的每一行代码。对于新增代码的常见使用场景和异常情况，都应让大模型生成自动化测试。这些测试代码同样需要仔细阅读、理解和运行，遇到测试运行失败时也要让大模型修复，并参照8.3节中的方法验证测试的保护效果。完成这些工作后，再将生产代码和测试代码放到PR中提交。这种“氛围编程先行，‘理测评解’跟进”的方法，正是IT职场极为欢迎的。

建立声誉和网络。持续贡献会在技术社区建立声誉。获得认可后，维护者常提供推荐或内推。知名公司招聘经理会主动寻找优秀贡献者。通过开源贡献，你能接触多样技术栈和业务场景，积累丰富经验。这种广度和深度是传统实习难以提供的，能增强求职竞争力。

由此可见，氛围编程不仅提升技能，也为职业发展开辟新路。

讨论完攻略，现在对比看一下本书用到的9款主流氛围编程工具及可搭配的大模型组合。

9.4　对比9款主流氛围编程工具及可搭配的大模型组合

首先对比9款主流氛围编程工具及可搭配的大模型组合的基本信息，随后再分析它们的优势、劣势和适用场景，详细内容如表9-1和表9-2所示（按氛围编程工具首发时间排序）。

表9-1　9款主流氛围编程工具及可搭配的大模型组合的基本信息

氛围编程工具（主要类型）	可搭配的大模型	首次发布与重要发布时间	市场定位
GitHub Copilot（传统 IDE 中的 AI 插件）	Claude、Gemini、GPT	2021 年 6 月首发	传统 IDE 生态的 AI 增强者
Windsurf（AI 原生 IDE）	SWE、o3、GPT、Gemini	2022 年 10 月首发（当时名为 Codeium）；2024 年 11 月 13 日推出 Agent 模式（名为 Cascade），并将品牌名 Codeium 更名为 Windsurf	首创 Agent 编程模式的 AI 原生 IDE
Claude（AI 聊天应用）	Claude	2023 年 3 月首发；2024 年 6 月 Claude Sonnet 3.5 发布；2025 年 2 月 25 日 Claude Sonnet 3.7 发布；2025 年 5 月 23 日 Claude Sonnet 4 发布	Anthropic 推出的编程口碑领先的通用型 AI 聊天应用
Cursor（AI 原生 IDE）	Claude、o3、Gemini、GPT	2023 年 3 月首发；2024 年 11 月 24 日推出 Agent 模式	市场领先的 AI 原生 IDE
通义（AI 聊天应用）	Qwen-3（千问 3）	2023 年 4 月 11 日通义千问发布；2023 年 9 月 13 日通义千问向公众开放；2024 年 5 月“通义千问”应用更名为“通义”	阿里云推出的基于千问大模型的通用型 AI 聊天应用
扣子（智能体构建平台）	豆包、DeepSeek、千问、Kimi、百川、阶跃星辰、智谱、Minimax	2024 年 2 月 1 日扣子 AI Bot 开发平台首发；2025 年初将 Bot 改名为智能体	字节跳动推出的零代码 AI 智能体开发平台
bolt（云 AI IDE）	Claude	2024 年 10 月首发（当时名为 StackBlitz）；2025 年 1 月更名为 Bolt.new	StackBlitz 推出的云 AI IDE，专注于从想法到可工作的应用的快速原型开发

续表

氛围编程工具（主要类型）	可搭配的大模型	首次发布与重要发布时间	市场定位
DeepSeek（AI 聊天应用）	DeepSeek	2025 年 1 月 20 日 DeepSeek-R1 大模型首发	深度求索推出的搭配 DeepSeek-R1 开源大模型的通用型 AI 聊天应用（免费且不禁止商用）
Trae（AI 原生 IDE）	国际版：Claude、Gemini、GPT、DeepSeek；国内版：豆包、DeepSeek	2025 年 1 月 21 日 Trae 国际版首发；2025 年 3 月 3 日 Trae 国内版首发；2025 年 5 月 27 日 Trae 国际版推出 Pro 订阅服务	字节跳动推出的 AI 原生 IDE

表9-2　9款主流氛围编程工具及可搭配的大模型组合的优劣势和适用场景

氛围编程工具（主要类型）	可搭配的大模型	优势	劣势	适用场景
GitHub Copilot（传统 IDE 中的 AI 插件）	Claude、Gemini、GPT	熟悉的 IDE；强大的 GitHub 生态系统支持；企业级安全性和合规性	AI 能力相对保守，创新性不足；依赖传统 IDE 框架限制	已有 Visual Studio Code/JetBrains 工作流的团队，需要渐进式 AI 集成的企业
Windsurf（AI 原生 IDE）	SWE、o3、GPT、Gemini	专为大型、复杂代码库设计，具备深度多文件理解；Cascade 架构支持多智能体协作；最先推出 Agent 模式，占领技术前沿	代码生成速度较慢，但准确性更高；CEO 及核心团队于 2025 年 7 月投奔谷歌，这降低了产品的未来价值预期	大型企业项目，复杂微服务架构，需要深度 AI 辅助的团队开发
Claude（AI 聊天应用）	Claude	强大的推理和代码理解能力；注重 AI 安全性和准确性；支持长文本上下文（支持 20 万 token 上下文窗口）	非编程 IDE，需要手动复制代码；缺少实时调试和运行环境	代码评审、算法设计、编程学习、复杂问题解决
Cursor（AI 原生 IDE）	Claude、o3、Gemini、GPT	市场成熟度最高，用户基础广泛；虽是熟悉的 Visual Studio Code 界面，但具备强大的 AI 能力；活跃的社区和生态系统	月订阅费相对较高	需要 AI 深度集成的个人开发；中小型项目开发；专业开发者日常编程
通义（AI 聊天应用）	Qwen-3（千问 3）	对中文代码和文档理解能力出色；阿里云生态深度集成；本土化服务和支持	国际化程度较低；大模型能力相比国际顶尖产品有差距	中文开发环境；阿里云技术栈项目；国内企业级应用开发

续表

氛围编程工具（主要类型）	可搭配的大模型	优势	劣势	适用场景
扣子（智能体构建平台）	豆包、DeepSeek、千问、Kimi、百川、阶跃星辰、智谱、Minimax	零代码开发，无编程基础也可使用；可发布到多个平台（豆包、飞书、微信等）；丰富的插件和模板生态	不适合传统代码开发；定制化程度有限	AI应用快速原型；企业内部工具开发；非IT技术人员的AI应用创建
bolt（云AI IDE）	Claude	从想法到可工作的应用的全栈快速生成；无须本地环境配置；支持实时预览和部署	云端依赖，离线无法使用；复杂项目支持有限	快速原型验证；Web应用开发；教学演示；概念验证
DeepSeek（AI聊天应用）	DeepSeek	API性价比较高；编程能力接近GPT-4o水平；不禁止商用	访问时经常遇到“服务器繁忙”；相对较新，生态系统尚在建设；商业支持和服务体系尚待完善；大模型稳定性需要时间验证	成本敏感的项目；开源社区开发；学术研究；个人学习
Trae（AI原生IDE）	国际版：Claude、Gemini、GPT、DeepSeek；国内版：豆包、DeepSeek	国际版可以搭配Claude Sonnet 4等多款主流大模型且订阅价格较低；搭配DeepSeek和豆包大模型的国内版完全免费使用	相对较新，针对复杂需求的代码生成的准确性功能完整性和稳定性待验证	学生学习；个人项目；预算有限的小团队；AI编程工具试用

对比完主流的9款氛围编程工具及可搭配的大模型组合，接下来该如何从氛围编程工具提供的多款可搭配的大模型中进行选择呢？

9.5　对比16款氛围编程中常搭配的大模型

在用氛围编程工具编程时，有多种大模型可供搭配，如大语言模型（large language model，LLM）、多模态大模型（large multimodal model，LMM）和专门化大模型。氛围编程中常搭配的16款大模型对比如表9-3所示（其中的评测数据分别来源于Claude Sonnet 4、GPT-4o和Kimi k1.5官网）。

表9-3　氛围编程中常搭配的16款大模型对比

大模型名称/厂商/类型	优势	劣势	适用场景
Claude Sonnet 4/Anthropic/LLM	SWE-bench 的准确率得分72.7%，目前的最佳编程大模型；支持扩展思考模式，能在推理过程中使用工具；支持并行工具使用，在复杂编程任务中表现出色；指令遵循能力显著提升，更适合氛围编程的自然语言交互；支持20万（200k）token上下文窗口，适合分析大型代码库	成本较高；在某些简单编程任务中可能过度复杂化；扩展思考模式会增加响应时长	复杂的多文件重构任务；需要长时间持续工作的编程项目；智能体化编程（agentic coding）工作流；需要深度推理的架构设计
Claude Sonnet 3.7/Anthropic/LLM	SWE-bench 的准确率得分62.3%，在发布时是顶级编程大模型；在 LeetCode 问题解决方面表现出色；支持思考模式，有助于调试复杂问题；支持 20 万（200k）token 上下文窗口，适合分析大型代码库	已被 Claude Sonnet 4 和 Gemini 2.5 Pro 超越；相比最新大模型，指令遵循精度略低	中等复杂度的编程任务；代码解释和文档生成；算法问题求解；代码评审和重构建议
Claude Sonnet 3.5/Anthropic/LLM	经过充分测试，稳定可靠；在创意编程和原型开发方面表现良好；良好的代码生成质量；相对较低的成本；支持20万（200k）token上下文窗口，适合分析大型代码库	在复杂推理任务中落后于最新大模型；SWE-bench 性能不如新一代大模型；在处理长上下文编程任务时能力有限	快速原型开发；简单的代码生成任务；学习和教育用途；成本敏感的项目
Gemini 2.5 Pro/Google/LMM	SWE-bench 的准确率得分63.2%，编程能力强；在数学推理方面表现出色（在AIME 2025 中达 83.0%的准确率）；支持 100 万 token 上下文窗口，处理大型项目；成本效益高	在软件工程任务中略逊于Claude Sonnet 4；在某些复杂编程场景中指令遵循不如 Claude；多模态功能在纯编程任务中利用率有限	大型代码库分析；需要图表/图像理解的编程任务；预算有限的长期项目；数学密集型编程问题
Gemini 2.5 Flash/Google/LMM	响应速度极快，适合交互式编程；成本更低；仍保持不错的编程能力；支持多模态输入	复杂推理能力相比 Gemini 2.5 Pro版本有所减弱；在难度较高的编程任务中表现一般；上下文处理能力可能受限	快速代码补全和建议；实时编程助手；简单的脚本编写；预算极其有限的场景

续表

大模型名称/厂商/类型	优势	劣势	适用场景
GPT-4.1/OpenAI/LLM	支持100万token上下文窗口；在前端编程和格式遵循方面可靠；改进的指令遵循能力；长上下文理解能力增强	SWE-bench的准确率得分54.6%，落后于竞争对手；在复杂编程任务中不如专门化大模型；编程相关文档和示例较少	需要处理超大型代码库；前端开发和UI设计；严格格式要求的代码生成；长文档处理和分析
GPT-4o/OpenAI/LMM	在一般知识和对话质量方面表现优秀（MMLU 88.7%）；多模态功能强大，支持图像理解；语音和视觉编程辅助；流畅的自然语言交互	在纯编程任务中被Kimi k1.5等新大模型大幅超越；推理能力不如专门的推理大模型；在复杂编程逻辑方面表现一般	涉及图像/UI的编程任务；语音编程交互；多媒体应用开发；需要自然对话的编程助手
o3/OpenAI/推理专门化大模型	在使用工具时表现出色，特别是代码执行；SWE-bench的准确率得分69.1%，推理能力强；能独立决定何时搜索、运行代码或调用工具；在数学和逻辑推理方面优秀	成本较高；推理时间较长，不适合快速原型生成；在非推理密集型编程任务中性价比低	复杂算法设计和优化；需要深度逻辑推理的编程问题；自动化编程工作流；竞赛级编程挑战
SWE-1/Windsurf/软件工程专门化大模型	专门为整个软件工程流程设计，不只是代码生成；支持"流感知"，理解不完整工作状态和多界面切换；与Claude Sonnet 3.5性能相近但更具成本效益	在软件工程任务中仍略逊于Claude Sonnet 3.7；目前仅通过Windsurf平台提供；可能对特定环境过度拟合；生态系统和社区支持有限	完整的软件开发生命周期；多工具协作的编程任务；从终端到浏览器的无缝切换；长期软件项目维护
DeepSeek-v3-0324/DeepSeek/LLM	开源大模型，成本极低；在中文编程任务中表现出色；目前商业支持6.4万（64k）token长上下文窗口；良好的代码理解和生成能力	性能不如最新的推理大模型；在复杂推理任务中能力有限；英文编程文档理解可能不如国际大模型	成本敏感的编程项目；中文编程教学和学习；开源项目开发；基础代码生成任务
DeepSeek-R1/DeepSeek/推理专门化大模型	通过强化学习训练，推理能力接近OpenAI o1；支持"深度思考"模式，特别适合氛围编程；成本较低；开源生态，支持本地部署	推理时间较长，影响交互体验；在快速原型开发中可能过度分析	复杂的算法问题求解；需要步骤化推理的编程任务；开源项目和研究用途；成本敏感的深度编程分析

续表

大模型名称/厂商/类型	优势	劣势	适用场景
Qwen-3/阿里巴巴/LLM	在 LiveCodeBench 和 Codeforces 上表现出色；支持可切换的推理模式，灵活控制成本；中英文编程任务平衡发展；在数学推理方面与 DeepSeek-R1 相当	输出结构化质量不如某些竞争对手；在某些特定编程领域的专门化程度有限；生态系统仍在发展中	中英文编程项目；需要灵活推理深度的任务；竞赛级编程挑战；企业级应用开发
Doubao Seed 1.6/字节跳动/LMM	支持 25.6 万（256k）token 上下文窗口，国内首个此规格大模型；具备深度思考、多模态理解等能力；支持 GUI 操作能力，可与各种软件交互；定价友好，成本控制优秀	在国际编程社区的知名度和支持有限；可能在英文编程资源理解上不如国际大模型；生态系统主要集中在中国市场	大型项目文档分析；中文编程环境开发；GUI 自动化编程；企业内部编程工作流
Doubao 1.5 Pro/字节跳动/LLM	性能匹配 GPT-4o 和 Claude Sonnet 3.5 但成本大幅降低；稀疏 MoE 架构，计算效率高；独立训练，未使用外部大模型数据；支持多种上下文窗口大小	在最新的编程 benchmark 上可能不如顶级大模型；国际化程度有待提升	成本敏感的大规模编程项目；中文编程开发；内容生成和数据分析结合的编程任务；初创企业和个人开发者
Doubao-1.5-thinking-pro/字节跳动/推理专门化大模型	深度思考模式增强推理能力；特别适合复杂问题求解；成本效益优秀	思考时间较长，影响氛围编程的流畅性；可能在简单任务中过度复杂化；主要针对中文用户优化	需要深度分析的编程问题；算法设计和优化；复杂的系统架构规划；编程教育和学习
Kimi k1.5/月之暗面/LMM	在 AIME 2024 中达 77.5% 的准确率，匹配 OpenAI o1；短思维链推理模式超越 GPT-4o 和 Claude Sonnet 3.5 最高达 550%；支持 12.8 万（128k）token 上下文窗口，适合大型代码库分析；创新的强化学习框架，不依赖复杂技术，如蒙特卡洛树搜索（Monte Carlo tree search，MCTS）	作为相对较新的大模型，生态系统支持有限；在某些传统编程任务中可能过度设计；可能需要学习成本来充分利用其能力	竞赛级编程挑战；多模态编程项目（结合文本、图像、代码）；需要强推理能力的复杂编程任务；研究和教育用途

面对市场上众多氛围编程工具与大模型的搭配组合，如何选择最适合解决自身实际问题的那一个呢？

9.6　用实战来检验氛围编程

技术工具日新月异，氛围编程领域的工具和大模型更是快速迭代。虽然本书撰写时介绍的具体工具和大模型随着时间推移会出新版本，但通过实战来检验氛围编程工具与大模型搭配组合使用效果的方法却能历久弥新。本节将结合第1～8章中的实战案例，系统介绍如何通过渐进式实战来全面检验氛围编程工具与大模型搭配组合的实际能力。

9.6.1　渐进式实战检验框架

基于本书8章实战案例的复杂度递增特点，可以构建一个渐进式的检验框架，从简单任务逐步过渡到复杂项目，全面检验氛围编程工具与大模型的搭配效果。

第一层检验关注零代码应用创建能力，主要基于第2章中的AI智能体开发。这一层重点检验工具是否能让用户仅通过自然语言描述就创建功能完整的AI应用，且无须编写传统编程语言代码，同时支持发布和分享功能。检验标准包括能否仅通过自然语言描述就创建可用应用、生成应用的功能完整性，以及发布流程的便捷程度。检验方法是尝试用相同的提示词在不同零代码平台创建应用，检验哪个氛围工具与哪个大模型搭配组合最适合非技术背景用户快速实现想法。

第二层检验聚焦于基础命令生成能力，主要基于第1章介绍的文件批量操作任务。这包括像生成批量修改文件名的终端命令和生成能将Markdown文档转为Word文档的Python代码。在这一层次中，重点关注生成命令和代码的一次性正确运行能力、处理边界情况的表现（如特殊字符、中文文件名），以及错误处理的完善程度。检验方法也是使用相同的提示词在不同氛围编程工具与大模型的搭配组合中测试，对比生成代码的质量、运行成功率和修复迭代次数。作为最基础的检验层次，任何声称支持编程的AI聊天应用都应该顺利通过这一关。

进入第三层，重点检验数据分析与可视化能力，主要基于第3章中的数据可视化和第4章中的Excel数据分析任务。这一层次要求工具能处理大规模数据集（上万条记录）、生成专业的数据可视化看板，并提取特定业务规则的关键数据。检验标准聚焦于数据处理的准确性、生成图表的美观度和专业性，以及处理数据规模的上限。可以采用相同的数据集和分析需求测试不同的氛围编程工具与搭配大模型的组合，重点验证数据分析结果的准确性，甚至可以借鉴第3章中用Claude（也可使用Cursor搭配

Claude Sonnet 4大模型）验证其他工具分析结果的方法，通过一个公认能力强的大模型来检验其他组合的分析准确性。

第四层检验转向微信小程序开发能力，基于第5章中的微信小程序开发。这一层次检验工具生成多文件移动端应用的能力、实现用户交互界面的水平，以及集成外部API功能的表现。检验标准包括生成代码的可运行性、用户界面的完整性和功能逻辑的正确性。检验方法是在微信开发者工具中检验运行效果，测试用户交互流程，验证所有功能模块是否正常工作。

第五层检验聚焦全栈Web应用产品原型的快速开发能力，主要基于第6章中的产品原型快速开发。这一层次重点检验工具"首次对话即成功"的能力、复杂功能的实现程度，以及代码质量和架构合理性。检验标准包括首次对话生成代码的运行成功率、实现功能与需求描述的匹配度，以及生成代码的可维护性。检验方法是使用相同的包含技术栈简述的氛围编程需求测试不同云AI IDE工具，统计首次成功率、后续修复所需的迭代次数，以及下载到本地计算机后能否成功运行`npm install`和`npm run dev`命令。

第六层重点检验专业开发流程支持能力，主要基于第7章中的前后端分离架构开发。这一层次考察AI原生IDE或传统IDE中AI插件与所搭配的大模型的协作效果、复杂项目的架构设计支持，以及多技术栈的整合能力。检验标准涵盖架构建议的专业性、跨前后端文件代码修改的准确性，以及错误修复的效率。方法是检验AI在复杂项目中的辅助效果，重点关注其对专业开发流程的支持程度和与传统开发工具的集成度。

第七层检验关注代码质量保障能力，主要基于第8章中的端到端自动化测试代码生成。这一层次检验工具生成端到端、API和单元测试代码的能力、测试覆盖率和有效性，以及代码保护机制的可靠性。检验标准包括生成测试的完整性、测试用例的实际保护效果，以及测试维护的便捷程度。检验方法包括评审生成的测试代码是否符合自动化测试编写的最佳实践，以及通过故意破坏生产代码来验证测试的有效性，如在8.3节中故意引入错误的API密钥来检验测试是否能捕获此类问题。

9.6.2　关键检验维度

通常从以下3个关键维度检验氛围编程。

（1）**准确性检验**。准确性检验重点关注数据处理准确性（可参考第3章中用Claude验证其他工具数据分析结果的方法）、功能实现准确性（生成的代码是否符合需求描述），以及错误处理准确性（异常情况下的响应是否合理）。

（2）**效率检验**。效率检验包括首次成功率（首次对话生成可用代码的比例）、迭代修复效率（从错误到修复所需的对话轮数），以及学习曲线（掌握工具使用方法所需的时间）。

（3）**适用性检验**。适用性检验考察任务范围（能够处理的任务类型和复杂度）、用户友好性（对不同技术背景用户的适应性），以及扩展性（在需求变化时的适应能力）。

9.6.3　持久有效的检验方法

为了确保检验方法的持久有效性，可以首先建立标准化测试集。基于本书8章中的案例，构建一套包含零代码应用创建（第2章实战）、基础脚本生成（第1章实战）、数据分析验证（第3章和第4章实战）、微信小程序开发（第5章实战）、Web应用开发（第6章和第7章实战）和质量保障（第8章实战）的完整测试任务集。

在多维度对比分析方面，可以进行水平对比（相同任务在不同工具中的表现）、垂直对比（同一工具在不同复杂度任务中的表现），以及时间对比（同一工具在不同时间点的能力演化）。

在实用性验证原则上，需要坚持真实场景测试（使用实际业务需求而非人工构造的测试用例）、端到端验证（从需求描述到最终可用产品的完整流程测试），以及长期追踪（记录工具在实际使用中的表现和问题）。

9.6.4　检验实施建议

虽然在本书前言中为三类读者人群给出了阅读建议，但那主要是“入门氛围编程”的视角，并不是“检验氛围编程”的视角。读到这里你已经入门，可以转换到检验的视角，参考3.3节第一个避坑指南中描述的实验过程，用科学实验方法检验哪个氛围编程工具与大模型搭配组合更适合解决你面临的真实问题。

对于非IT背景的人，建议重点关注第1、2、3、4章的简单任务，检验工具的易用性和结果的实用性。不必过分关注代码细节，而应注重最终功能是否满足需求。

对于有IT经验的人，建议全面关注所有7个层次的任务，重点检验工具对现有开发流程的改进程度和代码质量。特别关注第7章和第8章涉及的专业开发流程支持。

对于IT新人，建议按照章节顺序渐进式检验，将检验过程本身作为学习新技术栈的途径。重点关注工具的教学辅助效果和错误处理的友好程度。

通过这种基于实战案例的渐进式检验框架，无论氛围编程工具和所搭配大模型如何发展变化，都能够客观、全面地检验它们的实际能力，为选择合适的工具组合提供科学依据。这种方法的核心价值在于：它不依赖于特定的工具版本或大模型参数，而是基于实际的使用场景和可验证的结果，因此具有持久的有效性。

恭喜你坚持阅读至此！衷心希望你在“氛围编程谁都行”的旅程中收获满满，惊喜不断！

附录A

氛围编程中工具准备与常见操作

附录A.1　安装或升级Trae国际版

要安装Trae国际版，可以登录Trae国际版官网，找到符合你的计算机操作系统的下载链接，点击之后即可下载。在下载目录双击下载的安装包，按照屏幕提示安装即可。

要升级Trae国际版，在Trae国际版界面顶部的菜单中找到并点击“检查更新…”即可，具体方法是：在macOS系统上选择“Trae”→“检查更新...”，在Windows系统上选择“帮助”→“检查更新...”。

附录A.2　安装或升级Cursor

要安装Cursor，可以登录Cursor官网，找到符合你的计算机操作系统的下载链接，点击之后即可下载。在下载目录双击下载的安装包，按照屏幕提示安装即可。

要升级Cursor，在Cursor界面顶部的菜单中找到并点击“检查更新…”即可，具体方法是：在macOS系统上选择“Cursor”→“检查更新...”，在Windows系统上选择“帮助”→“检查更新...”。

附录A.3　安装或升级Windsurf

要安装Windsurf，可以登录Windsurf官网，然后找到符合你的计算机操作系统的下载链接，点击之后即可下载。在下载目录双击下载的安装包，按照屏幕提示安装即可。

要升级Windsurf，在Windsurf界面顶部的菜单中找到并点击“检查更新…”即可，具体方法是：在macOS系统上选择“Windsurf”→“检查更新...”，在Windows系统上选择“帮助”→“检查更新...”。

附录A.4　安装或升级微信开发者工具

要安装微信开发者工具，搜索“微信开发者工具”，找到“微信开发社区”下面的“微信开发者工具下载地址与更新日志”链接并点击，之后选择符合你的计算机操作系统的“稳定版”链接，点击之后即可下载。在下载目录双击下载的安装包，按照屏幕提示安装即可。

要升级微信开发者工具，在微信开发者工具界面顶部的菜单中找到并点击“检查更新…”即可，具体方法是：在macOS系统上选择“微信开发者工具”→“检查更新...”，在Windows系统上选择“帮助”→“检查更新...”。

附录A.5　安装或升级Visual Studio Code

要安装Visual Studio Code，可以登录Visual Studio Code官网，找到符合你的计算机操作系统的下载链接，点击之后即可下载。在下载目录双击下载的安装包，按照屏幕提示安装即可。

要升级Visual Studio Code，在Visual Studio Code界面顶部的菜单中找到并点击“检查更新…”即可，具体方法是：在macOS系统上选择“Code”→“检查更新...”，在Windows系统上选择“帮助”→“检查更新...”。

附录A.6　在Visual Studio Code中安装或升级Copilot插件

要在Visual Studio Code中安装Copilot插件，可以点击Visual Studio Code界面左侧边栏从上往下第5个名为“Extensions”的图标，在弹出的界面顶部搜索框中输入“copilot”，找到“GitHub Copilot”插件并点击右下方的“Install”按钮安装。注意，安装此插件时会同时安装“GitHub Copilot Chat”插件，这两个插件始终成对安装和卸载。

当Visual Studio Code的Copilot插件有新版本时，Visual Studio Code通常会在左侧边栏的“Extensions”图标上显示一个蓝色背景的数字。点击该图标，找到“GitHub Copilot”插件，然后点击右下方的“Restart Extensions”按钮即可完成升级。

附录A.7 在Copilot中配置Linear MCP服务器

要在Copilot中配置Linear MCP服务器，可以登录Linear官网，然后创建Team，并在Team中创建Project，最后在Project中创建issue。

接下来，打开Visual Studio Code，在其顶部菜单中找到并选择“Settings”菜单项即可，具体方法是：在macOS系统上选择“Code”→“Preferences”→“Settings”，Windows/Ubuntu系统选择“File”→“Preferences”→“Settings”。在右侧打开的“Settings”界面顶部的搜索框中输入“mcp”。在下方搜索结果中，找到“Mcp”条目，点击其下方的“Edit in settings.json”链接，打开“settings.json”文件。最后，在该文件底部最后一个“}”上方添加以下“mcp”内容：

```
// settings.json
{
// ... settings.json 文件底部
  "mcp": {
    "servers": {
      "linear": {
        "type": "stdio",
        "command": "npx",
        "args": ["-y", "mcp-remote", "https://mcp.linear.app/sse"]
      }
    }
  }
// ... settings.json 文件内容结束
} //最后一个“{”
```

之后在Visual Studio Code中按快捷键（在macOS系统上用“Cmd+Shift+P”，Windows/Ubuntu系统上用“Ctrl+Shift+P”），在弹出的Command Palette搜索框中搜索“MCP:list servers”。然后点击下面列出的“linear”（即上面settings.json中配置的MCP服务器名），再点击“start server”。如果在浏览器中出现“MCP CLI Proxy is requesting access”页面，点击下方的“Approve”按钮。

接下来在Visual Studio Code中使用CHAT快捷键（在macOS系统上用“Ctrl+

Cmd+I”，在Windows/Ubuntu系统上用“Ctrl+Alt+I”）打开CHAT右侧边栏。在CHAT界面左下角选择“Agent”模式，然后在提示词输入框中输入“请列出分配给我的所有issue”，即可查看在Linear中分配给你的所有issue。

附录A.8　安装或升级Git

在安装Git前，可以先在计算机上打开终端（在macOS/Ubuntu系统上用Terminal，在Windows系统上用CMD），然后在其中输入以下命令检查Git版本号（也可以在之后的安装和升级步骤后执行该命令以查看版本号）：

```
git --version
```

如果终端显示Git的版本号，例如“git version 2.49.0”，则表明计算机已安装Git，无须再次安装。如果版本较低，可以跳过安装步骤，直接查看如何升级。

如果终端提示找不到Git命令，说明尚未安装Git，需要进行安装。建议使用包管理器安装，而非Git官网的安装包，因为包管理器可以更方便地进行Git的后续升级。

1. 在macOS系统上安装Git

要在macOS系统上安装Git，可以在终端运行下面的命令查看包管理器brew的版本号：

```
brew --version
```

若终端回复找不到brew命令，可以先安装macOS系统上的热门包管理器brew，即在浏览器中访问brew的主页，按照其中的提示进行安装。

安装好brew后，就可以在终端中运行下面的命令安装Git：

```
brew install git
```

2. 在macOS系统上升级Git

要在macOS系统上升级Git，可以在macOS系统的终端中运行下面的命令：

```
# 从远程仓库获取最新的软件包信息，如果成功，那么升级 Git 到最新版本
brew update && brew upgrade git
```

```
# 列出安装后的 Git 在包管理器中的版本号
brew info git
```

3. 在Windows系统上安装Git

要在Windows系统上安装Git，可以在终端运行下面的包管理器winget进行安装：

```
winget install --id Git.Git -e --source winget

# 列出安装后的 Git 在包管理器中的版本号
winget list git
```

4. 在Windows系统上升级Git

要在Windows系统上升级Git，可以在Windows系统的终端中运行下面的命令：

```
winget upgrade --id Git.Git
```

5. 在Ubuntu系统上安装Git

要在Ubuntu系统上安装Git，可以在终端运行包管理器apt进行安装：

```
sudo apt install git

# 列出安装后的 Git 在包管理器中的版本号
apt show git | grep Version
```

6. 在Ubuntu系统上升级Git

要在Ubuntu系统上升级Git，可以在Ubuntu系统的终端中运行下面的命令：

```
sudo apt update && sudo apt upgrade git
```

附录A.9　在个人目录解压zip包

想在macOS/Ubuntu系统的个人目录（在macOS系统上一般是"/Users"目录，在Ubuntu系统上一般是"/home"目录）中解压zip包，可以先把下载的zip包移动到个人目录，然后在终端中运行下面的命令：

```
# 进入个人目录
cd
```

```
# 解压
unzip ./<zip包的文件名>
```

想在Windows系统的个人目录（一般是“C:\Users”目录）中解压zip包，可以先把下载的zip包移动到个人目录，然后在命令提示符终端中运行下面的命令：

```
# 进入个人目录
cd

# 用包管理器 winget 安装 7zip
winget install 7zip.7zip

# 临时把安装后的可执行文件的路径添加到当前 CMD 会话的 PATH 环境变量里
$env:PATH += ";C:\Program Files\7-Zip"

# 解压
7z x .\<zip包的文件名>
```

附录A.10　在Visual Studio Code内置终端运行npm命令

想在Visual Studio Code内置终端运行npm命令，可以在Visual Studio Code顶部菜单中选择“View”→“Terminal”。此时Visual Studio Code界面下方会出现终端区域，可以在其中输入并运行npm命令。

附录A.11　解决在Visual Studio Code内置终端运行npm install命令出错问题

要修复Visual Studio Code内置终端运行npm install命令（包括其他命令）出现的错误，可以先用鼠标选中内置终端中完整的出错命令行和错误消息，然后在CHAT聊天窗口的提示词输入框（搭配Claude大模型，选择Ask模式）输入并提交以下提示词，Copilot就会解释错误原因并提供修复方案：

```
@terminal /explain #terminalSelection
```

之后就可以按照Copilot给出的解决方案进行修复。